全国高等院校水利水电类精品规划教材

水质分析与监测

彭虹　张旭　主编

黄河水利出版社
·郑州·

内 容 提 要

本书系统地论述了水环境保护中水质分析监测的重要内容。本书共八章,包括绪论,地表水质监测方案的制订,水样的采集、保存与数据处理,物理性质的检验,滴定分析法,重量分析法,分光光度分析法和底质监测等内容。

本书为水利类水资源保护方向的本科生教材,也可供水利类研究生学习以及从事水环境保护方面的专业技术人员参考。

图书在版编目(CIP)数据

水质分析与监测/彭虹,张旭主编. —郑州:黄河水利出版社,2012.7

全国高等院校水利水电类精品规划教材

ISBN 978 – 7 – 5509 – 0309 – 8

Ⅰ.①水… Ⅱ.①彭…②张… Ⅲ.①水质分析 – 高等学校 – 教材②水质监测 – 高等学校 – 教材 Ⅳ.①O661.1②X832

中国版本图书馆 CIP 数据核字(2012)第 161364 号

策划编辑:李洪良 电话:0371-66024331 邮箱:hongliang0013@163.com

出 版 社:黄河水利出版社

地址:河南省郑州市顺河路黄委会综合楼14层 邮政编码:450003

发行单位:黄河水利出版社

发行部电话:0371 – 66026940、66020550、66028024、66022620(传真)

E-mail:hhslcbs@126.com

承印单位:黄河水利委员会印刷厂

开本:787 mm × 1 092 mm 1/16

印张:11

字数:254 千字 印数:1—2 000

版次:2012 年 7 月第 1 版 印次:2012 年 7 月第 1 次印刷

定价:22.00 元

前　言

　　水质分析与监测是水资源保护的一项基础工作,也是我国社会经济可持续发展的一个重要方面。自 2002 年《中华人民共和国水法》正式实施以来,一系列水资源保护的法律、法规相继出台。随着我国近几年社会经济跨越式的发展,水资源作为 21 世纪的一项战略资源,其开发、利用以及保护工作面临巨大挑战,饮用水安全问题突显。因此,保护水资源已经成为当今面临的一项紧迫而长期的艰巨任务,要求我们在做水资源规划和管理时,必须首先了解水质现状,针对现状问题,及早采取各项措施,既促进经济快速增长,又使自然环境得以保护和改善,实现整个社会的可持续发展。

　　本书力图把地表水质监测方案的制订与水质指标常用方法密切结合起来,根据水资源保护的需要,系统地论述水质监测分析的基本原理和方法,为开展实践教学提供参考。

　　本书由武汉大学彭虹、张旭主编。全书共八章,首先讲述了水质监测的前期准备工作,包括监测点、频次的确定,样品保存及运输,数据的处理与误差分析,这些都是水质监测的重要准备工作,直接影响水质分析结果的正确性与代表性;重点讲述了滴定分析法、重量分析法、分光光度分析法的分析原理及方法;根据水资源保护的需要还增加了底质监测内容;本书附有试剂配制,酸度和碱度、COD、磷、总氮和氨氮的测定方法,结合课堂实践教学,将本专业实践教学的部分内容也一并附在书后。

　　本书的出版得到"十一五"水专项"流域水环境风险评估与预警技术研究"项目、"流域水环境预警技术研究与三峡库区示范"课题(2009ZX07528 - 003 - 02)的资助。

　　由于编者水平有限,书中错误和不妥之处在所难免,恳请广大教师和读者批评指正。

编　者

2012 年 5 月

目　录

前　言

第一章　绪　论 …………………………………………………………（1）

 第一节　水质监测的目的和分类 ………………………………（3）

 第二节　水质监测特点和监测技术概述 ………………………（4）

 第三节　水质标准 ………………………………………………（14）

第二章　地表水质监测方案的制订 ……………………………………（20）

 第一节　基础资料的收集 ………………………………………（20）

 第二节　监测断面和采样点的设置 ……………………………（20）

 第三节　采样时间和采样频率的确定 …………………………（23）

第三章　水样的采集、保存与数据处理 ………………………………（25）

 第一节　水样的采集和保存 ……………………………………（25）

 第二节　水样的预处理 …………………………………………（30）

 第三节　定量分析中的误差 ……………………………………（36）

 第四节　分析数据的处理 ………………………………………（40）

 第五节　有效数字及其运算规则 ………………………………（43）

第四章　物理性质的检验 ………………………………………………（45）

 第一节　定量分析方法的分类 …………………………………（45）

 第二节　物理指标监测 …………………………………………（46）

第五章　滴定分析法 ……………………………………………………（54）

 第一节　滴定分析概述 …………………………………………（54）

 第二节　标准溶液的配制和标定 ………………………………（57）

 第三节　滴定分析的分类 ………………………………………（59）

第六章　重量分析法 ……………………………………………………（69）

 第一节　影响沉淀溶解度的因素 ………………………………（69）

 第二节　沉淀的形成 ……………………………………………（71）

 第三节　影响沉淀纯度的因素 …………………………………（73）

 第四节　沉淀条件的选择 ………………………………………（74）

 第五节　沉淀的灼烧 ……………………………………………（78）

 第六节　重量分析结果的计算 …………………………………（80）

第七章　分光光度分析法 ………………………………………………（83）

 第一节　分光光度法的特点 ……………………………………（83）

 第二节　光吸收基本定律 ………………………………………（85）

 第三节　光度分析的方法和仪器 ………………………………（89）

　　第四节　显色反应和显色条件 ……………………………………（93）

　　第五节　仪器测量误差和测量条件的选择 ………………………（95）

第八章　底质监测 …………………………………………………………（99）

　　第一节　底质监测的意义、目的与任务 …………………………（99）

　　第二节　底质采样 ………………………………………………（100）

　　第三节　底质样品的预处理 ……………………………………（101）

　　第四节　底质样品的分解与浸提 ………………………………（102）

实验部分 …………………………………………………………………（131）

　　实验一　试剂配制 ………………………………………………（132）

　　实验二　污水中酸度和碱度的测定 ……………………………（133）

　　实验三　废水中 COD 的测定 …………………………………（135）

　　实验四　磷(总磷、可溶性正磷酸盐和可溶性总磷)的测定 …（139）

　　实验五　总氮的测定 ……………………………………………（142）

　　实验六　氨氮的测定 ……………………………………………（145）

实验室事故的处理 ………………………………………………………（149）

实践教学内容 ……………………………………………………………（152）

附录　中华人民共和国地表水环境质量标准 …………………………（155）

参考文献 …………………………………………………………………（167）

第一章　绪　论

　　水是人类社会的宝贵资源,分布于由海洋、江、河、湖和地下水、大气水分及冰川共同构成的地球水圈中。据估计,地球上存在的总水量大约为 1.37×10^9 km^3,其中,海水约占97.3%,淡水仅占2.7%。淡水不但占的比例小,而且大部分存在于地球南北极的冰川、冰盖中,可利用的淡水资源只有河流、淡水湖和地下水的一部分,总计不到总量的1%。地表水资源分布情况见表1-1。

表 1-1　地表水资源分布情况

总水域分布比(%)		淡水量分布比(%)	
海水	97.3	冰盖、冰川	77.2
淡水	2.7	地下水、土壤水	22.4
		湖泊、沼泽	0.35
		大气	0.04
		河流	0.01

　　水是人类赖以生存的主要物质之一,除饮用外,更大量地用于生活和工农业生产。随着世界人口的增长及工农业生产的发展,用水量也在日益增加。工业发达国家的用水量几乎每十年翻一番。我国属于贫水国家,人均占有量低于世界上多数国家的。此外,由于人类的生产和生活活动,将大量工业废水、生活污水、农业回流水及其他废弃物未经处理直接排入水体,造成江、河、湖、地下水等水源的污染,引起水质恶化,使水资源显得更加紧张,亦使保护水资源显得更加重要。

　　水质分析与监测是环境科学的一个重要分支学科。根据全国2 222个监测站的监测(水环境监测覆盖面达到流域面积的80%、水体纳污量的80%、流域工农业总产值的80%、流域人口的80%,例行监测河段总长已达到34万km,占全国河流总长度的80%)结果,我国七大水系污染程度依次为:海河—辽河—淮河—黄河—松花江—珠江—长江,其中海河、辽河、淮河污染最重。主要大淡水湖泊的污染程度依次为:巢湖(西半湖)—滇池—南四湖—太湖—洪泽湖—洞庭湖—镜泊湖—兴凯湖—博斯腾湖—松花湖—泻海,其中巢湖、滇池、南四湖、太湖污染最重。在统计的城市河段中,有87%左右的河段受到不同程度的污染。其中有16%的城市河段属严重污染,有11%的城市河段属重度污染,有15%的城市河段属中度污染,有33%的城市河段属轻度污染,有25%的城市河段水质较好。从污染特征来看,城市河流呈有机型污染,主要污染物为石油类、氨氮和挥发酚。重金属类的污染相对较轻,但部分地区总汞的污染也比较严重。

　　全国湖泊和水库普遍受到总磷、总氮的污染,富营养化严重,有机物污染面广,个别湖泊水库出现重金属污染。太湖受总磷、总氮的影响,富营养化严重,全湖总磷、总氮污染达

Ⅳ～Ⅴ类,局部区域如梅梁湖、五里湖区除富营养化外,有机污染也非常严重。多数入湖河流及流域内城镇附近的河流污染严重。滇池草海水质为Ⅴ类,外海水质为Ⅲ～Ⅳ类。草海有机物、氮、磷等污染物含量很高,水体发黑发臭,浮游植物大量繁殖,湖内水葫芦疯长,约90%的水面被水葫芦覆盖;外海的污染稍轻,但有机污染和富营养化均已到较严重的程度。巢湖的富营养化问题由来已久,历史上就经常出现各种藻类异常繁殖而浮于水面,形成密集的水华现象。近年来,由于流域内工农业的发展,未处理的废水直接排放、水土流失等人为因素的影响,更加剧了富营养化的程度,富营养化已扩展到全湖,水质日趋恶化。

大型水库中,石门水库污染最重,其次是门楼水库,新安江水库污染相对较轻,汾河水库重金属污染较重。由于地表水普遍污染,造成地下水的污染也相当严重,污染面已达50%。如海河流域和辽河、淮河流域内许多城市与农村的地下水遭受了不同程度的污染。另外,由于用水量不断增加和地表水污染越来越严重,只有靠大量抽取地下水来满足工农业生产和人民生活的需要,因此造成地下水位下降严重,如河北沧州市深层地下水位降落漏斗面积达 2 225 km²。

近岸海域海水受到不同程度的污染。1996 年通过全国沿海 262 个典型近海海域海水水质监测结果分析,近海海水水质以超Ⅲ类和Ⅲ类为主,年际间变化不大;无机氮、无机磷和石油类依然是影响我国近海海域海水质量的主要污染因子;部分海域化学需氧量超标率较高,重金属污染相对较轻,但铜在渤海和东海的个别海域超标率较高;pH 和溶解氧指标有超标现象;四大海区以东海污染程度最重,渤海次之,南海最轻。全国近岸海域水质评价结果表明,Ⅰ类海水占 18.7%,Ⅱ类海水占 21.4%,Ⅲ类海水占 6.5%,超Ⅲ类海水占 53.4%,珠江口海域依然是中国近海污染严重的海域之一,水体中无机氮、无机磷和石油类普遍超标,pH 和溶解氧也有超标现象;胶州湾海域的无机氮、无机磷和石油类也普遍超标,长江口、杭州湾、舟山渔场、浙江沿岸、辽东湾等海域的无机氮和无机磷普遍超标,大连湾、锦州湾海域的无机氮和石油类超标也较严重。

水质污染可分为化学型污染、物理型污染和生物型污染三种主要类型。化学型污染是指随废水及其他废弃物排入水体的酸、碱、无机和有机污染物造成的水体污染。物理型污染包括色度和浊度物质污染、悬浮固体污染、热污染和放射性污染。色度和浊度物质污染来源于植物的叶与根、腐殖质、可溶性矿物质、泥沙及有色废水等;悬浮固体污染是由于生活污水、垃圾和一些工农业生产排放的废弃物排入水体或农田水土流失引起的;热污染是由于将高于常温的废水、冷却水排入水体造成的;放射性污染是由于开采、使用放射性物质,进行核试验等过程中产生的废水、沉降物排入水体造成的。生物型污染是由于将生活污水、医院污水等排入水体,随之引入某些病原微生物造成的。

当污染物进入水体后,首先被大量水稀释,随后进行一系列复杂的物理、化学变化和生物转化。这些变化包括挥发、絮凝、水解、络合、氧化还原及微生物降解等,其结果是使污染物浓度降低,并发生质的变化,该过程称为水体自净。但是,当污染物不断地排入,超过水体的自净能力时,就会造成污染物积累,导致水质日趋恶化。

监测一词的含义可理解为监视、测定、监控等,因此水环境监测就是通过对影响水环境质量因素的代表值的测定,确定水环境质量(或污染程度)及其变化趋势。随着工业和科学的发展,监测涵盖的内容也扩展了。

　　判断水环境质量,仅对某一污染物进行某一地点、某一时刻的分析测定是不够的,必须对各种相关污染因素、环境因素在一定范围、时间、空间内进行测定,分析其综合测定数据,才能对环境质量作出确切评价。因此,水环境监测包括对污染物分析测试的化学监测(包括物理化学方法)。

　　水环境监测的过程一般为:现场调查→监测计划→设计优化布点→样品采集→运送保存→分析测试→数据处理→综合评价等。

　　从信息技术角度看,水环境监测是环境信息的捕获—传递—解析—综合的过程。只有在对监测信息进行解析、综合的基础上,才能全面、客观、准确地揭示监测数据的内涵,对水环境质量及其变化作出正确的评价。

　　水环境监测的对象包括反映水环境质量变化的各种自然因素、对人类活动与水环境有影响的各种人为因素及对水环境造成污染危害的各种成分。

第一节　水质监测的目的和分类

一、水质监测的目的

　　水质监测可分为环境水体监测和水污染源监测。环境水体包括地表水(江、河、湖、库、海水)和地下水,水污染源包括生活污水、医院污水及各种废水。水质监测的目的是准确、及时、全面地反映水环境质量现状及发展趋势,为水环境管理、水污染源控制等提供科学依据。具体可归纳为:

　　(1)根据水环境质量标准,评价水环境质量。为开展水环境质量评价、预测预报及进行环境科学研究提供基础数据和手段。

　　(2)根据污染分布情况,追踪寻找污染源,为实现监督管理、控制污染提供依据。对进入江、河、湖泊、水库、海洋等地表水体的污染物质及渗透到地下水中的污染物质进行经常性的监测,以掌握水质现状及其发展趋势。

　　(3)收集本底数据,积累长期监测资料,为研究水环境容量,实施总量控制、目标管理,预测预报环境质量提供数据。对生产过程、生活设施及其他排放源排放的各类废水进行监视性监测,为污染源管理和排污收费提供依据。对水环境污染事故进行应急监测,为分析判断事故原因、危害及采取对策提供依据。

　　(4)为保护人类健康和环境,合理使用自然资源,制定环境保护法规、标准和规划,全面开展环境保护管理工作提供有关数据和资料。

二、水质监测的分类

水质监测可按监测目的或监测对象进行分类。

(一)按监测目的分类
按监测目的可分为监测性监测、特定目的监测和研究性监测。

1. 监测性监测

监测性监测又称为例行监测或常规监测,是指对指定的有关项目进行定期的、长时间的监测,以确定环境质量及污染源状况,评价控制措施的效果,衡量环境标准实施情况和环境保护工作的进展。监测性监测是监测工作中量最大、面最广的工作。

监测性监测包括对污染源的监督监测(污染物浓度、排放总量、污染趋势等)和环境质量监测。

2. 特定目的监测

特定目的监测又称为特例监测或应急监测,根据特定的目的可分为以下四种。

1) 污染事故监测

污染事故监测是指在发生污染事故时进行应急监测,以确定污染物扩散方向、速度和危及范围,为控制污染提供依据。这类监测常采用流动监测(车、船等)、简易监测、低空航测、遥感等手段。

2) 仲裁监测

仲裁监测主要针对污染事故纠纷、环境法执行过程中所产生的矛盾进行监测。仲裁监测应由国家指定的权威部门进行,以提供具有法律责任的数据(公证数据),供执法部门、司法部门仲裁。

3) 考核验证监测

考核验证监测包括人员考核、方法验证和污染治理项目竣工时的验收监测。

4) 咨询服务监测

咨询服务监测是指为政府部门、科研机构、生产单位提供的服务性监测。例如,建设新企业应进行环境影响评价,需要按评价要求进行监测。

3. 研究性监测

研究性监测又称科研监测,是针对特定目的的科学研究而进行的高层次的监测。例如,环境本底的监测及研究;有毒有害物质对从业人员的影响研究;为监测工作本身服务的科研工作的监测,如标准分析法、统一分析法、标准物质的确定等。这类研究往往要求多学科合作进行。

(二)按监测对象分类

按监测对象分类可分为水质监测、生物监测、放射性监测、热监测、卫生(病源体、病毒、寄生虫等)监测等。

第二节　水质监测特点和监测技术概述

一、水质监测的发展

环境污染虽然自古就有,但环境科学作为一门学科在 20 世纪 50 年代才开始发展起来。最初危害较大的环境污染事件主要是由于化学毒物所造成的,因此对环境样品进行化学分析以确定其组成和含量的环境分析就产生了。由于环境污染物通常处于痕量级(10^{-6}、10^{-9})甚至更低,并且基体复杂,流动性、变异性大,又涉及空间分布及变化,所以对分析的灵敏度、准确度、分辨率和分析速度等提出了很高要求。因此,环境分析实际上是分析化学的发展。这一阶段称之为污染监测阶段或被动监测阶段。

到了20世纪70年代,随着科学的发展,人们逐渐认识到影响环境质量的因素不仅有化学因素,还有物理因素,例如噪声、光、热、电磁辐射、放射性等。所以用生物(动物、植物)的生态、群落、受害症状等的变化作为判断环境质量的标准更为确切可靠。此外,某一化学毒物的含量仅是影响环境质量的因素之一,环境中各种污染物之间、污染物与其他物质、其他因素之间还存在着相加和拮抗作用。所以,环境分析只是环境监测的一部分。环境监测的手段除化学的,还有物理的、生物的,等等。同时,从点污染的监测发展到面污染以及区域性的监测,这一阶段称之为环境监测阶段,也称为主动监测或目的监测阶段。

监测手段和监测范围的扩大,虽然能够说明区域性的环境质量,但由于受采样手段、采样频率、采样数量、分析速度、数据处理速度等限制,仍不能及时地监视环境质量变化,预测变化趋势,更不能根据监测结果发布采取应急措施的指令。20世纪80年代初,发达国家相继建立了自动连续监测系统,并使用了遥感、遥测手段,监测仪器用电子计算机遥控,数据用有线或无线传输的方式送到监测中心控制室,经电子计算机处理,可自动打印成指定的表格,画成污染态势、浓度分布图。可以在极短时间内观察到空气、水体污染浓度变化,预测预报未来环境质量。当污染程度接近或超过环境标准时,可发布指令、通告并采取保护措施。该阶段称为污染防治监测阶段或自动监测阶段。

二、环境污染和环境监测的特点

(一)水环境污染的特点

水环境污染是各种污染因素本身及其相互作用的结果。同时,水环境污染还受社会评价的影响而具有社会性。它的特点可归纳如下。

1.时间分布性

污染物的排放量和污染因素的强度随时间而变化。例如,工厂排放污染物的种类和浓度往往随时间而变化。由于河流的潮汐和丰水期、枯水期的交替,都会使污染物浓度随时间而变化。

2.空间分布性

污染物和污染因素进入环境后,随着水和空气的流动而被稀释。不同污染物的稳定性和扩散速度与污染物性质有关,因此不同空间位置上污染物的浓度和强度分布是不同的。

由上可见,为了正确表述一个地区的环境质量,单靠某一点的监测结果是无法说明的,必须根据污染物的时间、空间分布特点,科学地制订监测计划(包括网点设置、监测项目、采样频率等),然后对监测数据进行统计分析,才能得到较全面且客观的评述。

3.环境污染与污染物含量(或污染因素强度)的关系

有害物质引起毒害的量与其无害的自然本底值之间存在一界限(放射性和噪声的强度也有同样情况)。所以,污染因素对环境的危害有一阈值。对阈值的研究,是判断环境污染及污染程度的重要依据,也是制定环境标准的科学依据。

4.污染因素的综合效应

环境是一个复杂体系,必须考虑各种因素的综合效应。从传统毒理学观点看,多种污染物同时存在对人或生物体的影响有以下几种情况。

(1)单独作用。当机体中某些器官只是由于混合物中某一组分发生危害,没有因污染物的共同作用而加深危害的,称为污染物的单独作用。

(2)相加作用。混合污染物各组分对机体的同一器官的毒害作用彼此相似,且偏向同一方向,当这种作用等于各污染物毒害作用的总和时,称为污染物的相加作用。如大气中二氧化硫和硫酸气溶胶之间、氯和氯化氢之间,当它们在低浓度时,其联合毒害作用即为相加作用,而在高浓度时则不具备相加作用。

(3)相乘作用。当混合污染物各组分对机体的毒害作用超过个别毒害作用的总和时,称为污染物的相乘作用。如二氧化硫和颗粒物之间、氮氧化物与一氧化碳之间,就存在相乘作用。

(4)拮抗作用。当两种或两种以上污染物对机体的毒害作用彼此抵消一部分或大部分时,称为污染物的拮抗作用。如动物试验表明,当食物中有 3×10^{-5} 甲基汞,同时又存在 1.25×10^{-5} 硒时,就可抑制甲基汞的毒性。环境污染还会不同程度地改变某些生态系统的结构和功能。

5.环境污染的社会评价

环境污染的社会评价与社会制度、文明程度、技术经济发展水平、民族的风俗习惯、哲学、法律等问题有关。有些具有潜在危险的污染因素,因其表现为慢性危害,往往引不起人们的注意,而某些现实的、直接感受到的因素容易受到社会重视。如河流被污染程度逐渐增大,人们往往不予注意,而因噪声、烟尘等引起的社会纠纷却很普遍。

(二)水质监测的特点

水质监测就其对象、手段、时间和空间的多变性、污染组分的复杂性等,其特点可归纳如下。

1.综合性

水质监测的综合性表现在以下几个方面:

(1)监测手段包括化学、物理、生物、物理化学、生物化学及生物物理等一切可以表征环境质量的方法。

(2)监测对象包括江、河、湖、海及地下水等水体,只有对这些水体进行综合分析,才能确切描述环境质量状况。

(3)对监测数据进行统计处理、综合分析时,需涉及该地区的自然和社会各个方面的情况,因此必须综合考虑才能正确阐明数据的内涵。

2.连续性

由于环境污染具有时空性等特点,因此只有坚持长期测定,才能从大量的数据中揭示其变化规律,预测其变化趋势,数据越多,预测的准确度就越高。因此,监测网络、监测点位的选择一定要有科学性,而且一旦监测点位的代表性得到确认,必须长期坚持监测。

3.追踪性

水质监测包括监测目的的确定、监测计划的制订、采样及样品运送和保存、实验室测定、数据整理等过程,是一个复杂而又有联系的系统,任何一步的差错都将影响最终数据的质量。特别是区域性的大型监测,由于参加人员众多、实验室和仪器的不同,必然会有技术和管理水平的不同。为使监测结果具有一定的准确性,并使数据具有可比性、代表性和完整性,需有一个量值追踪体系予以监督。为此,需要建立水质监测的质量保证体系。

三、监测技术概述

监测技术包括采样技术、测试技术和数据处理技术。关于采样技术将在后面有关章节中叙述,这里以污染物的测试技术为重点作一概述。

(一)化学、物理技术

对环境样品中污染物的成分及其状态的分析,目前多采用化学分析法和仪器分析法。化学分析法包括重量分析法、容量分析法等。重量分析法常用于残渣、降尘、油类、硫酸盐等的测定。容量分析法广泛用于水中酸度、碱度、化学需氧量、溶解氧、硫化物、氰化物的测定。

仪器分析法是以物理和物理化学方法为基础的分析方法。它包括光谱分析法(可见分光光度法、紫外分光光度法、红外光谱法、原子吸收光谱法、原子发射光谱法、X 射线荧光光谱法、荧光分析法、化学发光分析法等),色谱分析法(气相色谱法、高效液相色谱法、薄层色谱法、离子色谱法、色谱 – 质谱联用技术),电化学分析法(极谱法、溶出伏安法、电导分析法、电位分析法、库仑分析法),放射分析法(同位素稀释法、中子活化分析法)和流动注射分析法等。

目前,仪器分析法广泛用于环境中污染物的定性和定量测定。如分光光度法常用于大部分金属、无机非金属的测定;气相色谱法常用于有机物的测定;对于污染物状态和结构的分析,常采用紫外分光光度法、红外光谱法、质谱及核磁共振等技术。

(二)生物技术

生物技术是利用植物和动物在污染环境中所产生的各种反应信息来判断环境质量的方法,是一种最直接的综合方法。

(三)监测技术的发展

目前监测技术的发展较快,许多新技术在监测过程中已得到应用。如气相色谱 – 原子吸收光谱(GC – AAS)联用仪,使气相色谱、原子吸收光谱两项技术互促互补,扬长避短,在研究有机汞、有机铅、有机砷方面表现出优异性能。再如,利用遥测技术对整条河流的污染分布情况进行监测,是以往监测方法很难完成的。

对区域甚至全球范围的监测和管理,其监测网络及点位的研究、监测分析方法的标准化连续自动监测系统、数据传送和处理的计算机化的研究应用也发展得很快。

在发展大型连续自动监测系统的同时,研究小型便携式、简易快速的监测技术也十分重要。例加,在污染突发事故的现场,瞬时造成很大的伤害,但由于空气的扩散和水体的流动,污染物浓度的变化十分迅速,这时大型仪器无法使用,而便携式和快速测定技术就显得十分重要,在野外也同样如此。

四、环境优先污染物和优先监测

有毒化学物质污染的监测和控制无疑是环境监测的重点。世界上已知的化学物质有700万种之多,而进入环境的化学物质已达10万种。因此,不论从人力、物力、财力,还是从化学物质的危害程度和出现频率的实际情况出发,人们不可能对每一种化学物质都进行监测、实行控制,而只能有重点、有针对性地对部分污染物进行监测和控制。这就必须确定一个筛选原则,对众多污染物进行分级排队,从中筛选出潜在危害性大、在环境中出现频率高的污染物作为监测和控制对象。这一筛选过程就是数学上的优先过程,经过优先选择的污染物称为环境优先污染物,简称为优先污染物(Priority Pollutants)。对优先污染物进行的监测称为优先监测。

在初期,人们控制的污染物是一些进入环境数量大(或浓度高)、毒性强的物质,如重金属等,其毒性多以急性毒性反映,且数据容易获得。而有机污染物则由于种类多、含量低、分析水平有限,故以综合指标化学需氧量(COD)、生化需氧量(BOD)、总有机碳(TOC)等来反映。但随着生产和科学技术的发展,人们逐渐认识到一批有毒污染物(其中绝大部分是有机物)可在极低的浓度下在生物体内累积,对人体健康和环境造成严重的甚至不可逆的影响。许多有毒有机物对综合指标、COD、BOD、TOC等贡献甚小,但对环境的危害甚大,此时,常用的综合指标已不能反映有机物污染状况,这些有毒有机物就是需要优先控制的污染物。它们具有如下特点:难以降解、在环境中有一定残留水平、出现频率较高、具有生物积累性、属"三致"(致癌、致突变、致畸)物质、毒性较大以及已有检出方法等。

美国是最早开展优先监测的国家。早在20世纪70年代中期,美国环境保护局就在《清洁水法》中明确规定了129种优先污染物,它一方面要求排放优先污染物的工厂采用最佳可利用技术,控制点源污染物排放;另一方面制定环境质量标准,对各水域实施优先监测。其后美国又提出了43种空气优先污染物名单。

苏联卫生部于1975年公布了水体中有害物质最大允许浓度,其中无机物73种,后又补充了30种,共103种;有机物378种,后又补充了118种,共496种。实施10年后,又补充了65种有机物,共561种。无机物和有机物合计达664种之多。

欧洲经济共同体在1975年提出的"关于水质的排放标准"的技术报告,列出了所谓的"黑名单"和"灰名单"。

中国环境优先监测研究也已完成,提出了中国环境优先污染物黑名单,包括14种化学类别共68种有毒化学物质,其中有机物占58种,见表1-2。

表1-2　中国环境优先污染物黑名单

化学类型	名称
1.卤代(烷、烯)烃类	二氯甲烷、三氯甲烷、四氯化碳、1,2-二氯乙烷、1,1,1-三氯乙烷、1,1,2-三氯乙烷、1,1,2,2-四氯乙烷、三氯乙烯、三溴甲烷、四氯乙烯
2.苯系物	苯、甲苯、乙苯、邻二甲苯、间二甲苯、对二甲苯

续表1-2

化学类型	名称
3.氯代苯类	氯苯、邻二氯苯、对二氯苯、六氯苯
4.多氯联苯类	多氯联苯
5.酚类	苯酚、间甲酚、2,4-二氯酚、2,4,6-三氯酚、五氯酚、对硝基酚
6.硝基苯类	硝基苯、对硝基甲苯、2,4-二硝基甲苯、三硝基甲苯、对硝基氯苯、2,4-二硝基氯苯
7.苯胺类	苯胺、二硝基苯胺、对硝基苯胺、2,6-二氯硝基苯胺
8.多环芳烃	萘、荧蒽、苯并(b)荧蒽、苯并(k)荧蒽、苯并(a)芘、茚并(1,2,3-c,d)芘、苯并(ghi)芘
9.酞酸酯类	酞酸二甲酯、酞酸二丁酯、酞酸二辛酯
10.农药	六六六、滴滴涕、滴滴畏、乐果、对硫磷、甲基对硫磷、除草醚、敌百虫
11.丙烯腈	丙烯腈
12.亚硝胺类	N-亚硝基二乙胺、N-亚硝基二正丙胺
13.氰化物	氰化物
14.重金属及其化合物	砷及其化合物、铍及其化合物、镉及其化合物、铬及其化合物、铜及其化合物、铅及其化合物、汞及其化合物、镍及其化合物、铊及其化合物

五、监测项目

监测项目依据水体功能和污染源的类型不同而异,其数量繁多,但受人力、物力、经费等各种条件的限制,不可能也没有必要一一监测,而根据实际情况,选择环境标准中要求控制的危害大、影响范围广,并已建立可靠分析测定方法的项目。下面介绍我国《环境监测技术规范》中对地表水和工业废水规定的监测项目。

(一)地表水监测项目

地表水监测项目见表1-3。

表1-3 地表水监测项目

地点	必测项目	选测项目[①]
河流	水温、pH、溶解氧、高锰酸盐指数、化学需氧量、五日生化需氧量、氨氮、总氮、总磷、铜、锌、硒、砷、汞、镉、铬(六价)、铅、氟化物、氰化物、硫化物、挥发酚、石油类、阴离子表面活性剂和粪大肠菌群	总有机碳、甲基汞,其他项目参照《环境监测技术规范》,根据纳污情况由各级相关环境保护主管部门确定

续表 1-3

地点	必测项目	选测项目
饮用水源地	水温、pH、溶解氧、悬浮物②、高锰酸盐指数、化学需氧量、五日生化需氧量、氨氮、总磷、总氮、铜、锌、氟化物、铁、锰、硒、砷、汞、镉、铬（六价）、铅、氰化物、挥发酚、石油类、阴离子表面活性剂、硫化物、硫酸盐、氯化物、硝酸盐和粪大肠菌群	三氯甲烷、四氯化碳、三溴甲烷、二氯甲烷、1,2－二氯乙烷、环氧氯丙烷、氯乙烯、1,1－二氯乙烯、1,2－二氯乙烯、三氯乙烯、四氯乙烯、氯丁二烯、六氯丁二烯、苯乙烯、甲醛、乙醛、丙烯醛、三氯乙醛、苯、甲苯、乙苯、二甲苯③、异丙苯、氯苯、1,2－二氯苯、1,4－二氯苯、三氯苯④、四氯苯⑤、六氯苯、硝基苯、二硝基苯⑥、2,4－二硝基甲苯、2,4,6－三硝基甲苯、硝基氯苯⑦、2,4－二硝基氯苯、2,4－二硝基苯酚、2,4,6－三氯苯酚、五氯酚、苯胺、联苯胺、丙烯酰胺、丙烯腈、邻苯二甲酸二丁酯、邻苯二甲酸二（2－乙基己基）酯、水合肼、四乙基铅、吡啶、松节油、苦味酸、丁基黄原酸、活性氯、滴滴涕、林丹、环氧七氯、对硫磷、甲基对硫磷、马拉硫磷、乐果、敌敌畏、敌百虫、内吸磷、百菌清、甲萘威、溴氰菊酯、阿特拉津、苯并(a)芘、甲基汞、多氯联苯⑧、微囊藻毒素－LR、黄磷、钼、钴、铍、硼、锑、镍、钡、钒、钛、铊
湖泊、水库	水温、pH、溶解氧、高锰酸盐指数、化学需氧量、五日生化需氧量、氨氮、总磷、总氮、铜、锌、氟化物、硒、砷、汞、镉、铬（六价）、铅、氰化物、挥发酚、石油类、阴离子表面活性剂、硫化物和粪大肠菌群	总有机碳、甲基汞、硝酸盐、亚硝酸盐，其他项目参照《环境监测技术规范》，根据纳污情况由各级相关环境保护主管部门确定
排污河（渠）	根据纳污情况，参照表 1-4 中工业废水监测项目	
底泥	砷、汞、铬、铅、镉、铜等	硫化物、有机氯农药、有机磷农药等

注:①监测项目中,有的项目监测结果低于检出限,并确认没有新的污染源增加时可减少监测频次。根据各地经济发展情况不同,在有监测能力(配置 GC/MS)的地区每年应监测 1 次选测项目。

②悬浮物在 5 mg/L 以下时,测定浊度。

③二甲苯指邻二甲苯、间二甲苯和对二甲苯。

④三氯苯指 1,2,3－三氯苯、1,2,4－三氯苯和 1,3,5－三氯苯。

⑤四氯苯指 1,2,3,4－四氯苯、1,2,3,5－四氯苯和 1,2,4,5－四氯苯。

⑥二硝基苯指邻二硝基苯、间二硝基苯和对二硝基苯。

⑦硝基氯苯指邻硝基氯苯、间硝基氯苯和对硝基氯苯。

⑧多氯联苯指 PCB－1016、PCB－1221、PCB－1232、PCB－1242、PCB－1248、PCB－1254 和 PCB－1260。

（二）工业废水监测项目

工业废水监测项目见表1-4。

表1-4 工业废水监测项目

工业类别		监测项目
黑色金属矿业（包括磁铁矿、赤铁矿、锰矿等）		pH、悬浮物、硫化物、铜、铅、锌、镉、汞、六价铬等
黑色冶金（包括选矿、烧结、炼焦、炼铁、炼钢、轧钢等）		pH、悬浮物、化学需氧量、硫化物、氟化物、挥发酚、氰化物、石油类、铜、铅、锌、砷、镉、汞等
选矿药剂		化学需氧量、生化需氧量、悬浮物、硫化物、挥发酚等
有色金属矿业（包括选矿、烧结、冶炼、电解、精炼等）		pH、悬浮物、化学需氧量、硫化物、氟化物、挥发酚、铜、铅、锌、砷、镉、汞、六价铬等
火力发电、热电		pH、悬浮物、硫化物、砷、铅、镉、挥发酚、石油类、水温等
煤矿（包括洗煤）		pH、悬浮物、砷、硫化物等
焦化		化学需氧量、生化需氧量、悬浮物、硫化物、挥发酚、氰化物、石油类、氨氮、苯类、多环芳烃、水温等
石油开发		pH、化学需氧量、生化需氧量、悬浮物、硫化物、挥发酚、石油类等
石油炼制		pH、化学需氧量、生化需氧量、悬浮物、硫化物、挥发酚、氰化物、石油类、苯类、多环芳烃等
化学矿开采	硫铁矿	pH、悬浮物、硫化物、铜、铅、锌、镉、汞、砷、六价铬等
	雄黄矿	pH、悬浮物、硫化物、砷等
	磷矿	pH、悬浮物、氟化物、硫化物、砷、铅、磷等
	萤石矿	pH、悬浮物、氟化物等
	汞矿	pH、悬浮物、硫化物、砷、汞等
无机原料	硫酸	pH（或酸度）、悬浮物、硫化物、氟化物、铜、铅、锌、镉、砷等
	氯碱	pH（或酸、碱度）、化学需氧量、悬浮物、汞等
	铬盐	pH（或酸度）、总铬、六价铬等
有机原料		pH（或酸、碱度）、化学需氧量、生化需氧量、悬浮物、挥发酚、氰化物、苯类、硝基苯类、有机氯等
化肥	磷肥	pH（或酸度）、化学需氧量、悬浮物、氟化物、砷、磷等
	氮肥	化学需氧量、生化需氧量、挥发酚、氰化物、硫化物、砷等
橡胶	合成橡胶	pH（或酸、碱度）、化学需氧量、生化需氧量、石油类、铜、锌、六价铬、多环芳烃等
	橡胶加工	化学需氧量、生化需氧量、硫化物、六价铬、石油类、苯类、多环芳烃等
塑料		化学需氧量、生化需氧量、硫化物、氰化物、铅、砷、汞、石油类、有机氯、苯类、多环芳烃等
化纤		pH、化学需氧量、生化需氧量、悬浮物、铜、锌、石油类等
农药		pH、化学需氧量、生化需氧量、悬浮物、硫化物、挥发酚、砷、有机氯、有机磷等
制药		pH（或酸、碱度）、化学需氧量、生化需氧量、石油类、硝基苯类、硝基酚类、苯胺类等

续表 1-4

工业类别	监测项目
染料	pH（或酸、碱度）、化学需氧量、生化需氧量、悬浮物、挥发酚、硫化物、苯胺类、硝基苯类等
颜料	pH、化学需氧量、悬浮物、硫化物、汞、六价铬、铅、镉、砷、锌、石油类等
油漆	化学需氧量、生化需氧量、挥发酚、石油类、氰化物、镉、铅、六价铬、苯类、硝基苯类等
其他有机化工	pH（或酸、碱度）、化学需氧量、生化需氧量、挥发酚、石油类、氰化物、硝基苯类等
合成脂肪酸	pH、化学需氧量、生化需氧量、油、锰、悬浮物等
合成洗涤剂	化学需氧量、生化需氧量、油、苯类、表面活性剂等
机械制造	化学需氧量、悬浮物、挥发酚、石油类、铅、氰化物等
电镀	pH（或酸度）、氰化物、六价铬、铜、锌、镍、镉、锡等
电子、仪器、仪表	pH（或酸度）、化学需氧量、苯类、氰化物、六价铬、汞、镉、铅等
水泥	pH、悬浮物等
玻璃、玻璃纤维	pH、悬浮物、化学需氧量、挥发酚、氰化物、砷、铅等
油毡	化学需氧量、石油类、挥发酚等
石棉制品	pH、悬浮物、石棉等
陶瓷制品	pH、化学需氧量、铅、镉等
人造板、木材加工	pH（或酸、碱度）、化学需氧量、生化需氧量、悬浮物、挥发酚等
食品	pH、化学需氧量、生化需氧量、悬浮物、挥发酚、氨氮等
纺织、印染	pH、化学需氧量、生化需氧量、悬浮物、挥发酚、硫化物、苯胺类、色度、六价铬等
造纸	pH（或碱度）、化学需氧量、生化需氧量、悬浮物、挥发酚、硫化物、铅、汞、木质素、色度等
皮革及皮革加工	pH、化学需氧量、生化需氧量、悬浮物、硫化物、氯化物、总铬、六价铬、色度等
电池	pH（或酸度）、铅、锌、汞、镉等
火工	铅、汞、硝基苯类、硫化物、锶、铜等
绝缘材料	化学需氧量、生化需氧量、挥发酚等

（三）生活污水监测项目

化学需氧量、生化需氧量、悬浮物、氨氮、总氮、总磷、阴离子洗涤剂、细菌总数、总大肠菌群等。

（四）医院污水监测项目

pH、色度、浊度、悬浮物、余氯、化学需氧量、生化需氧量、致病菌、细菌总数、总大肠菌群等。

六、水质监测分析方法

正确选择监测分析方法，是获得准确结果的关键因素之一。选择分析方法应遵循的原则是:灵敏度能满足定量要求;方法成熟、准确;操作简便,易于普及;抗干扰能力好。根据上述原则,为使监测数据具有可比性,各国在大量实践的基础上,对各类水体中的不同污染物质都编制了相应的分析方法。这些方法有以下三个层次,它们相互补充,构成完整的监测分析方法体系。

(一)国家标准分析方法

我国已编制60多项包括采样在内的标准分析方法,这是一些比较经典、准确度较高的方法,是环境污染纠纷法定的仲裁方法,也是用于评价其他分析方法的基准方法。

(二)统一分析方法

有些项目的分析方法尚不够成熟,但这些项目又急需测定,由此经过研究将某些分析方法作为统一方法予以推广,在使用中积累经验,不断完善,为上升为国家标准分析方法创造条件。

(三)等效分析方法

与(一)、(二)类方法的灵敏度、准确度具有可比性的分析方法称为等效分析方法。这类方法可能采用新的技术,应鼓励有条件的单位先用起来,以推动监测技术的进步。但是,新方法必须经过方法验证和对比实验,证明其与标准分析方法或统一分析方法是等效的才能使用。

按照监测方法所依据的原理,水质监测常用的方法有化学法、电化学法、原子吸收法、离子色谱法、气相色谱法、等离子体发射光谱法等。目前,化学法(包括重量法、容量滴定法)在国内外水质常规监测中还普遍被采用,占整个项目测定方法总数的50%以上。各类分析方法在水质监测中所占比重见表1-5。常用水质监测方法测定项目见表1-6。

表 1-5　各类分析方法在水质监测中所占比重

方法	我国水和废水监测分析方法		美国水和废水标准检验法(15 版)	
	测定项目数	比例(%)	测定项目数	比例(%)
重量法	7	3.9	13	7.0
容量法	35	19.4	41	21.9
分光光度法	63	35.0	70	37.4
荧光光度法	3	1.7		
原子吸收法	24	13.3	23	12.3
火焰光度法	2	1.1	4	2.1
原子荧光法	3	1.7		
电极法	5	2.8	8	4.3
极谱法	9	5.0		
离子色谱法	6	3.3		
气相色谱法	11	6.1	6	3.2
液相色谱法	1	0.6		
其他	11	6.1	22	11.8
合计	180	100	187	100

表1-6 常用水质监测方法测定项目

方法	测定项目
重量法	悬浮物、可滤残渣、矿化度、油类、SO_4^{2-}、Cl^-、Ca^{2+} 等
容量法	酸度、碱度、CO_2、溶解氧、总硬度、Ca^{2+}、Mg^{2+}、氨氮、Cl^-、F^-、CN^-、SO_4^{2-}、S^{2-}、Cl_2、COD、BOD_5、挥发酚等
分光光度法	Ag、Al、As、Be、Bi、Ba、Cd、Co、Cr、Cu、Hg、Mn、Ni、Pb、Sb、Se、Th、U、Zn、氨氮、$NO_2^- - N$、$NO_3^- - N$、凯氏氮、PO_4^{3-}、F^-、Cl^-、C、S^{2-}、SO_4^{2-}、BO_3^{3-}、SiO_3^{2-}、Cl_2、挥发酚、甲醛、三氯乙醛、苯胺类、硝基苯类、阴离子洗涤剂等
荧光光度法	Se、Be、U、油类、BaP 等
原子吸收法	Ag、Al、Ba、Be、Bi、Ca、Cd、Co、Cr、Cu、Fe、Hg、K、Na、Mg、Mn、Ni、Pb、Sb、Sc、Sn、Te、Tl、Zn 等
氧化物及冷原子吸收法	As、Sb、Bi、Ge、Sn、Pb、Se、Te、Hg
原子荧光法	As、Sb、Bi、Se、Hg 等
火焰光度法	Li、Na、K、Sr、Ba 等
电极法	Eh、pH、溶解氧、F^-、Cl^-、CN^-、S^{2-}、NO_3^-、K^+、Na^+、NH_3 等
离子色谱法	F^-、Cl^-、Br^-、NO_2^-、NO_3^-、SO_3^{2-}、SO_4^{2-}、$H_2PO_4^-$、K^+、Na^+、NH_4^+ 等
气相色谱法	Br、Se、苯系物、挥发性卤代烃、氯苯类、六六六、滴滴涕、有机磷农药类、三氯乙醛、硝基苯类、多氯联苯等
液相色谱法	多环芳烃类
ICP – AES	用于水中基体金属元素、污染重金属以及底质中多种元素的同时测定

第三节　水质标准

　　水质标准就是为了保护人群健康、防治环境污染、促使生态良性循环,同时又合理利用资源,促进经济发展,依据环境保护法和有关政策,对水环境中有害成分含量及其排放源规定的限量阈值和技术规范。水质标准是政策、法规的具体体现。

一、水质标准的作用

　　(1)水质标准既是环境保护和有关工作的目标,又是环境保护的手段。它是制订环境保护规划的重要依据。

　　(2)水质标准是判断水环境质量和衡量环境保护工作优劣的准绳。评价一个地区水环境质量的优劣、一个企业对水环境的影响,只有与水质标准相比较才有意义。

　　(3)水质标准是执法的依据。水环境问题的诉讼、排污费的收取、污染治理的目标等依据的都是环境标准。

（4）水质标准是组织现代化生产的重要手段和条件。通过实施标准可以制止任意排污，促使企业对污染进行治理和管理；采用先进的少污染、无污染工艺，进行设备更新，综合利用资源和能源等。

总之，水质标准是满足水环境管理的技术基础。

二、环境标准的分类和分级

我国环境标准分为环境质量标准、污染物控制标准（或污染排放标准）、环境基础标准、环境方法标准、环境标准样品标准和环保仪器设备标准等六类。

环境标准分为国家标准和地方标准两级，其中环境基础标准、环境方法标准和环境标准样品标准等只有国家标准，并尽可能与国际标准接轨。

（一）环境质量标准

环境质量标准是指为了保护人类健康、维持生态良性平衡和保障社会物质财富，并考虑技术经济条件，对环境中有害物质和因素所作的限制性规定。它是衡量环境质量的依据、环保政策的目标、环境管理的依据，也是制定污染物控制标准的基础。

（二）污染物控制标准

污染物控制标准是指为了实现环境质量目标，结合技术经济条件和环境特点，对排入环境的有害物质或有害因素所作的控制规定。由于我国幅员辽阔，各地情况差别较大，因此不少省市制定了地方标准，地方标准应该符合以下两点：①地方标准中应有国家标准中没有规定的项目；②地方标准应严于国家标准，以起到补充、完善的作用。

（三）环境基础标准

环境基础标准是指在环境标准化工作范围内，对有指导意义的符号、代号、指南、程序、规范等所作的统一规定，是制定其他环境标准的基础。

（四）环境方法标准

环境方法标准是指在环境保护工作中以实验、检查、分析、抽样、统计计算为对象制定的标准。

（五）环境标准样品标准

环境标准样品标准是指在环境保护工作中，对用来标定仪器、验证测量方法、进行量值传递或质量控制的材料或物质必须达到的要求所作的规定。

（六）环保仪器设备标准

环保仪器设备标准是指为了保证污染治理设备的效率和环境监测数据的可靠性与可比性，对环境保护仪器设备的技术要求所作的统一规定。

三、制定标准的原则

环境标准体现国家技术经济政策。它的制定要充分体现科学性和现实性的统一，才能既保护环境质量的良好状况，又促进国家经济技术的发展。

（一）要有充分的科学依据

环境标准中指标值的确定，要以科学研究的结果为依据，如环境质量标准，要以环境质量基准为基础。所谓环境质量基准，是指经科学实验确定污染物（或因素）对人或生物不产生不良或有害影响的最大剂量或浓度。例如,经研究证实大气中二氧化硫年平均浓度超过 0.115 mg/m³ 时对人体健康就会产生有害影响,这个浓度值就是大气中二氧化硫的基准。制定监测方法标准要对方法的准确度、精密度、干扰因素及各种方法的比较等进行实验。制定控制标准的技术措施和指标,要考虑它们的成熟程度、可行性及预期效果等。

基准和标准是两个不同的概念。环境质量基准是以污染物(或因素)与人或生物之间的剂量与反应关系确定的,不考虑社会、经济、技术等人为因素,也不随时间而变化。而环境质量标准是以环境质量基准为依据,考虑社会、经济、技术等因素而制定的,具有法律强制性,它可以根据情况不断修改、补充。

(二)既要技术先进,又要经济合理

污染控制标准制定的焦点是如何正确处理技术先进和经济合理之间的矛盾,标准要定在最佳实用点上。一般有最佳实用技术法(Best Practicable Technology,简称 BPT 法)和最佳可行技术法(Best Available Technology,简称 BAT 法)两种。BPT 法是指工艺和技术可靠,从经济条件上国内能够普及的技术。BAT 法是指技术上证明可靠、经济上合理,但属于代表工艺改革和污染治理方向的技术。环境污染从根本上讲是资源、能源的浪费,因此标准应促使工矿企业技术改造,采用少污染、无污染的先进工艺。按照环境功能、企业类型、污染物危害程度、生产技术水平区别对待等,这些也应在标准中明确规定或具体反映。

(三)与有关标准、规范、制度协调配套

质量标准与排放标准、排放标准与收费标准、国内标准与国际标准之间应该相互协调才能贯彻执行。

(四)积极采用或等效采用国际标准

一个国家的标准反映该国的技术、经济和管理水平。积极采用或等效采用国际标准,是我国重要的技术经济政策,也是技术引进的重要部分,它能了解当前国际先进技术水平和发展趋势。

四、水质标准

水是人类重要的资源及一切生物生存的基本物质之一,水质污染是环境污染中最主要的污染之一。目前我国已经颁布的水质标准主要有以下内容。

水环境质量标准:《地表水环境质量标准》(GB 3838—2002)、《海水水质标准》(GB 3097—1997)、《生活饮用水卫生标准》(GB 5749—2006)、《渔业水质标准》(GB 11607—89)、《农田灌溉水质标准》(GB 5084—2005)等。

排放标准:《污水综合排放标准》(GB 8978—1996)、《医院污水排放标准》(GBJ 48—83),以及工业水污染物排放标准,例如《制浆造纸工业水污染物排放标准》(GB 3544—2008)、《甘蔗制糖工业水污染物排放标准》(GB 3546—83)、《石油炼制工业水污染物排放标准》(GB 3551—83)、《纺织染整工业水污染物排放标准》(GB 4287—92)等。

每一个标准的标准号是不变的。标准通常几年修订一次,新标准自然代替老标准。例如,GB 3838—2002 代替 GB 3838—88,最早的是 GB 3838—83。

特殊保护的水域,指《地表水环境质量标准》Ⅰ、Ⅱ类水域,如城镇集中式生活饮用水水源地一级保护区、国家划定的重点风景名胜区水体、珍贵鱼类保护区及其他有特殊经济文化价值的水体保护区,以及海水浴场和水产养殖场等水体,不得新建排污口,现有的排污单位由环保部门从严控制,以保护受纳水体水质符合规定用途的水质标准。

重点保护水域,指《地表水环境质量标准》Ⅲ类水域和《海水水质标准》Ⅱ类水域,如城镇集中式生活饮用水源地二级保护区、一般经济渔业水域、重点风景游览区等,对排入本区水域的污水执行一级标准。

一般保护水域,指《地表水环境质量标准》Ⅳ、Ⅴ类水域和《海水水质标准》Ⅲ类水域,如一般工业用水区、景观用水区及农业用水区、港口和海洋开发作业区,排入本区水域的污水执行二级标准。

对排入城镇下水道并进入二级污水处理厂进行生物处理的污水执行三级标准。对排入未设置的二级污水处理厂的城镇下水道的污水,必须根据下水道出水受纳水体的功能执行一级或二级标准。

(一)地表水环境质量标准(GB 3838—2002)

地表水环境质量标准适用于全国领域内江河、湖泊、运河、渠道、水库等具有使用功能的地表水域。其目的是保障人体健康、维护生态平衡、保护水资源、控制水污染以及改善地表水质量和促进生产。依据地表水水域环境功能和保护目标,按功能高低依次划分为五类:

Ⅰ类　主要适用于源头水、国家自然保护区;

Ⅱ类　主要适用于集中式生活饮用水地表水源地一级保护区、珍稀水生生物栖息地、鱼虾类产卵场、仔稚幼鱼的索饵场等;

Ⅲ类　主要适用于集中式生活饮用水地表水源地二级保护区、鱼虾类越冬场、洄游通道、水产养殖区等渔业水域及游泳区;

Ⅳ类　主要适用于一般工业用水区及人体非直接接触的娱乐用水区;

Ⅴ类　主要适用于农业用水区及一般景观要求水域。

对应地表水上述五类水域功能,将地表水环境质量标准基本项目标准值分为五类,不同功能类别分别执行相应类别的标准值。水域功能类别高的标准值严于水域功能类别低的标准值。同一水域兼有多类使用功能的,执行最高功能类别对应的标准值。

地表水环境质量标准基本项目标准值中,水温属于感官性状指标,pH、生化需氧量、高锰酸盐指数和化学需氧量是保证水质自净的指标,磷和氮是防止封闭水域富营养化的指标,大肠菌群是细菌学指标,其他属于化学、毒理指标。

(二)生活饮用水卫生标准(GB 5749—2006)

生活饮用水卫生标准是保证水质适于生活饮用的,它与人体健康有直接关系。饮用水包括自来水、井水和深井水等。制定生活饮用水卫生标准的原则和方法基本上与地表水环境质量标准相同,所不同的是饮用水不存在自净问题。因此,无生化需氧量、溶解氧等指标。另外,饮用水中某些微量元素(如氟)要有适当的含量。过高或过低都可能对人体产生有害影响。

细菌总数是指 1 mL 水样在营养琼脂培养基上,于 37 ℃经 24 h 培养后生长的细菌菌落总数。细菌不一定有害,因此这一指标主要反映微生物情况。

对人体健康有害的病菌很多,如果在标准中一一列出,那么不仅在制定标准,并且在执行标准过程中会带来很多困难,因此在实用上只需选择一种在消毒过程中抗消毒剂能力最强、在环境水域中最常见(即有代表性)、监测方法容易的为代表。大肠菌群是一种需氧和兼性厌氧,在 37 ℃生长,能使乳糖发酵,在 24 h 内产酸、产气的革兰氏阴性无芽孢杆菌。在动物生存的有关水域中常见,它对消毒剂的抵抗能力大于伤寒、副伤寒、痢疾杆菌等,通常当它的浓度降低到 13 个/L 时,其他病原菌均已被杀死(但对肝炎病毒不一定有效),因此以它作为代表比较合适。

我国饮用水用氯气或漂白粉消毒,游离性余氯是表征消毒效果的指标。接触 30 min 后游离氯不低于 0.3 mg/L,可保证杀灭大肠杆菌和肠道致病菌,但也不应过高。首先,氯是强氧化剂,直接饮用对人体有害;其次,如果水中含有机物,氯会与之生成氯胺、氯酚,前者有毒,后者有强烈臭味,故国外已普遍改用臭氧和二氧化氯作为消毒剂,以避免这种弊端。

该标准中规定了执行、监督、水源选择、水质鉴定、卫生防疫、饮用水卫生安全产品卫生要求等内容。生活饮用水水质不应超过本标准所规定的限量。

(三)污水综合排放标准(GB 8978—1996)

污水综合排放标准适用于排放污水和废水的一切企事业单位。按地表水域使用功能要求和污水排放去向,对地表水域和城市下水道排放的污水分别执行一、二、三级标准。

污水综合排放标准将排放的污染物按其性质及控制方式分为二类:

第一类污染物:指能在环境或动植物内蓄积,对人体健康产生长远不良影响者,含有此类有害污染物质的污水,不分行业和污水排放方式,也不分受纳水体的功能类别,一律在车间或车间处理设施排出口取样,其最高允许排放浓度必须符合表 1-7 的规定。

表 1-7　第一类污染物最高允许排放浓度　　　　　　　(单位:mg/L)

序号	污染物	最高允许排放浓度
1	总汞	0.05[①]
2	烷基汞	不得检出
3	总镉	0.1
4	总铬	1.5
5	六价铬	0.5
6	总砷	0.5
7	总铅	1.0
8	总镍	1.0
9	苯并(a)芘[②]	0.000 03

续表 1-7

序号	污染物	最高允许排放浓度
10	总铍	0.005
11	总银	0.5
12	总 α 放射性	1 Bq/L
13	总 β 放射性	10 Bq/L

注:①烧碱行业(新建、扩建、改建企业)采用 0.005 mg/L。

②为试行标准,二级、三级标准区暂不考核。

第二类污染物:指长远影响小于第一类的污染物质,在排污单位排出口取样,其最高允许排放浓度必须达到 GB 8978—1996 中的相关要求。

第二章　地表水质监测方案的制订

监测方案是一项监测任务的总体构思和设计,制订时必须首先明确监测目的,然后在调查研究的基础上确定监测对象、设计监测网点,合理安排采样时间和采样频率,选定采样方法和分析测定技术,提出监测报告要求,制订质量保证程序、措施和方案的实施计划等。

第一节　基础资料的收集

在制订监测方案之前,应尽可能完备地收集欲监测水体及所在区域的有关资料。主要应收集以下资料:

(1)水体的水文、气候、地质和地貌资料。如水位、水量、流速及流向的变化;降雨量、蒸发量及历史上的水情;河流的宽度、深度、河床结构及地质状况;湖泊沉积物的特性、间温层分布、等深线等。

(2)水体沿岸城市分布、工业布局、污染源及其排污情况、城市给排水情况等。

(3)水体沿岸的资源现状和水资源的用途、饮用水源分布和重点水源保护区、水体流域的功能及近期的使用计划等。

(4)历年的水质资料等。

第二节　监测断面和采样点的设置

在对调查研究结果和有关资料进行综合分析的基础上,根据监测目的和监测项目,并考虑人力、物力等因素确定监测断面和采样点。

一、监测断面的设置原则

在水域的下列位置应设置监测断面:

(1)有大量废水排入河流的主要居民区、工业区的上游和下游;

(2)湖泊、水库、河口的主要入口和出口;

(3)饮用水源区、水资源集中的水域、主要风景游览区、水上娱乐区及重大水利设施所在地等功能区;

(4)较大支流汇合口上游和汇合后与干流充分混合处、入海河流的河口处、受潮汐影响的河段和严重水土流失区;

(5)国际河流出入国境线的出入口处;

(6)应尽可能与水文测量断面重合,并要求交通方便,有明显岸边标志。

二、河流监测断面的设置

对于江、河水系或某一河段,要求设置三种断面,即对照断面、控制断面和削减断面,见图2-1。

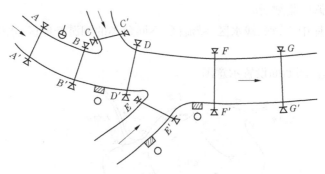

→—水流方向;⊖—自来水厂取水点;○—污染源;▨—排污口;
A—A′—对照断面;B—B′、C—C′、D—D′、E—E′、F—F′—控制断面;
G—G′—削减断面

图2-1　河流监测断面设置示意图

(一)对照断面

对照断面为了解流入监测河段前的水体水质状况而设置。这种断面应设在河流进入城市或工业区以前的地方,避开各种废水、污水流入或回流处。一个河段一般只设一个对照断面,有主要支流时可酌情增加。

(二)控制断面

控制断面为评价、监测河段两岸污染源对水体水质影响而设置。控制断面的数目应根据城市的工业布局和排污口分布情况而定。断面的位置与废水排放口的距离应根据主要污染物的迁移、转化规律,河水流量和河道水力学特征确定,一般设在排污口下游500~1 000 m处。因为在排污口下游50 m横断面上的1/2宽度处重金属浓度一般出现高峰值。对特殊要求的地区,如水产资源区、风景游览区、自然保护区、与水源有关的地方病发病区、严重水土流失区及地球化学异常区等的河段上也应设置控制断面。

(三)削减断面

削减断面是指河流受纳废水和污水后,经稀释扩散和自净作用,使污染物浓度显著下降,其左、中、右三点浓度差异较小的断面,通常设在城市或工业区最后一个排污口下游1 500 m以外的河段上。水量小的小河流应视具体情况而定。

有时为了取得水系和河流的背景监测值,还应设置背景断面。这种断面上的水质要求基本上未受人类活动的影响,应设在清洁河段上。

三、湖泊、水库监测断面的设置

对不同类型的湖泊、水库应区别对待。为此,首先判断湖泊、水库是单一水体还是复杂水体;其次考虑汇入湖泊、水库的河流数量,水体的径流量、季节变化及动态变化,沿岸污染源分布及污染物扩散与自净规律、生态环境特点等;最后按照监测断面的设置原则确定监测断面的位置。

(1)在进出湖泊、水库的河流汇合处分别设置监测断面。

(2)以各功能区(如城市和工厂的排污口、饮用水源、风景游览区、排灌站等)为中心,在其辐射线上设置弧形监测断面。

(3)在湖泊、水库中心,深、浅水区,滞流区,不同鱼类的洄游产卵区,水生生物经济区等设置监测断面。

图2-2为湖、库监测断面设置示意图。

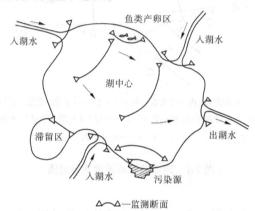

图2-2　湖、库监测断面设置示意图

四、采样点位的确定

设置监测断面后,应根据水面的宽度确定断面上的采样垂线,再根据采样垂线的深度确定采样点位置和数目。

对于江、河水系的每个监测断面,当水面宽小于50 m时,只设一条中泓垂线,水面宽为50~100 m时,在左、右近岸有明显水流处各设一条垂线;水面宽为100~1 000 m时,设左、中、右三条垂线(中泓、左、右近岸有明显水流处);水面宽大于1 500 m时,至少要设置5条等距离采样垂线;较宽的河口应酌情增加垂线数。

在一条垂线上,当水深小于或等于5 m时,只在水面下0.3~0.5 m处设一个采样点;水深5~10 m时,在水面下0.3~0.5 m处和河底以上约0.5 m处各设一个采样点;水深10~50 m时,设三个采样点,即在水面下0.3~0.5 m处、河底以上约0.5 m处、1/2水深处;水深超过50 m时,应酌情增加采样点数。

湖、库监测断面上采样点位置和数目的确定方法与河流相同。如果存在间温层,应先测定不同水深处的水温、溶解氧等参数,确定成层情况后再确定垂线上采样点的位置,如图2-3所示。

监测断面和采样点的位置确定后,其所在位置应该有固定且明显的岸边天然标志。如果没有天然标志物,则应设置人工标志物,如竖石柱、打木桩等。每次采样要严格以标志物为准,使采集的样品取自同一位置上,以保证样品的代表性和可比性。

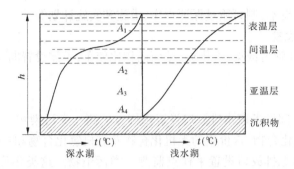

A_1—表温层中;A_2—间温层下;A_3—亚温层中;

A_4—沉积物与水介质交界面上约 1 m 处;h—水深

图2-3　间温层采样点设置示意图

第三节　采样时间和采样频率的确定

一、一般原则

为使采集的水样具有代表性,能够反映水质在时间和空间上的变化规律,必须确定合理的采样时间和采样频率,一般原则如下:

(1)对于较大水系干流和中、小河流,全年采样不少于 6 次,采样时间为丰水期、枯水期和平水期,每期采样 2 次。流经城市工业区、污染较重的河流、游览水域、饮用水源地,全年采样不少于 12 次,采样时间为每月 1 次或视具体情况选定。底泥每年在枯水期采样1 次。

(2)潮汐河流采样时间为丰水期、枯水期、平水期,每期采样 2 次,分别在大潮期和小潮期进行,每次应采集当天涨、退潮水样分别测定。

(3)排污渠每年采样不少于 3 次。

(4)设有专门监测站的湖、库,每月采样 1 次,全年不少于 12 次。其他湖、库全年采样 2 次,丰水期、枯水期各 1 次。有废水排入、污染较重的湖、库,应酌情增加采样次数。

(5)背景断面每年采样 1 次。

二、采样方法及监测技术的选择

要根据监测对象的性质、含量范围及测定要求等因素选择适宜的采样方法和监测技术。

三、水污染源监测方案的制订

水污染源包括工业废水源、生活污水源、医院污水源等。在制订监测方案时,首先要进行调查研究,收集有关资料,查清用水情况、废水或污水的类型、主要污染物及排污去向和排放量,车间、工厂或地区的排污口数量及位置,废水处理情况,是否排入江、河、湖、海,流经区域是否有渗坑等,然后进行综合分析,确定监测项目、监测点位,选定采样时间和频率、采样方法及监测技术,制订质量保证程序、措施和实施计划等。

(一)采样点的设置

水污染源一般经管道或渠、沟排放,截面面积比较小,不需设置断面,可直接确定采样点位置。

1. 工业废水

(1)在车间或车间设备废水排放口设置采样点监测一类污染物。这类污染物主要有汞、镉、砷、铅的无机化合物,六价铬的无机化合物及有机氯化合物和强致癌物质等。

(2)在工厂废水总排放口设置采样点监测二类污染物。这类污染物主要有悬浮物、硫化物、挥发酚、氰化物、有机磷化合物、石油类、铜、锌、氟的无机化合物、硝基苯类、苯胺类等。

(3)已有废水处理设施的工厂,在处理设施的排放口设置采样点。为了解废水处理效果,可在进出口处分别设置采样点。

(4)在排污渠道上,采样点应设在渠道较直、水量稳定,上游无污水汇入的地方。

2. 生活污水和医院污水

采样点设在污水总排放口。对污水处理厂,应在进、出口分别设置采样点。

(二)采样时间和频率

工业废水的污染物含量和排放量常随工艺条件及开工率的不同而有很大差异,故采样时间和频率的选择是一个较复杂的问题。

一般情况下,可在一个生产周期内每隔 0.5 h 或 1 h 采样 1 次,将其混合后测定污染物的平均值。如果取几个生产周期(如 3~5 个周期)的废水样监测,可每隔 2 h 取样 1 次。对于排污情况复杂、浓度变化大的废水,采样时间间隔要缩短,有时需要 5~10 min 采样 1 次,这种情况最好使用连续自动采样装置。对于水质和水量变化比较稳定或排放规律性较好的废水,待找出污染物浓度在生产周期内的变化规律后,采样频率可大大降低,如每月采样 2 次。

城市排污管道大多数受纳 10 个以上工厂排放的废水,由于在管道内废水已进行了混合,故在管道出水口,可每隔 1 h 采样 1 次,连续采集 8 h,也可连续采集 24 h,然后将其混合制成混合样,测定各污染组分的平均浓度。

对向国家直接报送数据的废水排放源,我国《环境监测技术规范》规定:工业废水每年采样监测 2~4 次;生活污水每年采样监测 2 次,春、夏季各 1 次;医院污水每年采样监测 4 次,每季度 1 次。

第三章　水样的采集、保存与数据处理

第一节　水样的采集和保存

一、地表水样的采集

(一)采样前的准备

采样前,要根据监测项目的性质和采样方法的要求,选择适宜材质的盛水容器和采样器,并应清洗干净。此外,还需准备好交通工具,交通工具常使用船只。采样器具的材质要求化学性能稳定,大小和形状适宜,不吸附欲测组分,容易清洗并可反复使用。

(二)采样方法和采样器(或采水器)

采集表层水时,可用桶、瓶等容器直接采取。一般将其沉至水面下 $0.3 \sim 0.5$ m 处采集。常用采样器如图 3-1 所示。

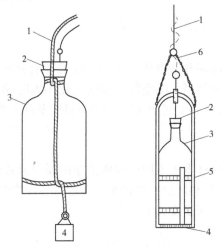

1—绳子;2—带有软绳的橡胶塞;3—采样瓶;4—铅锤;5—铁框;6—挂钩

图 3-1　常用采样器

采集深层水时,可使用带重锤的采样器沉入水中采集。将采样容器沉降至所需深度(可从绳上的标度看出),上提细绳打开瓶塞,待水样充满容器后提出。

对于水流急的河段,宜采用图 3-2 所示的急流采样器。它是将一根长钢管固定在铁框上,管内装一根橡胶管,其上部用夹子夹紧,下部与瓶塞上的短玻璃管相连,瓶塞上另有一长玻璃管通至采样瓶底部。采样前塞紧橡胶塞,然后沿船身垂直伸入要求水深处,打开上部橡胶管夹,水样即沿长玻璃管流入样品瓶中,瓶内空气由短玻璃管沿橡胶管排出。这样采集的水样也可用于测定水中溶解性气体,因为它是与空气隔绝的。

测定溶解性气体(如溶解氧)的水样,常用图 3-3 所示的双瓶采样器采集。将采样器沉入要求水深处后,打开上部的橡胶管夹,水样进入小瓶(采样瓶)并将空气驱入大瓶,空气从连接大瓶短玻璃管的橡胶管排出,直到大瓶中充满水样,提出水面后迅速密封。

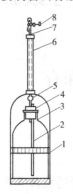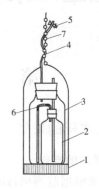

1—铁框;2—长玻璃管;3—采样瓶;4—橡胶塞;　　　1—带重锤的铁框;2—小瓶;3—大瓶;4—橡胶管;

5—短玻璃瓶;6—钢管;7—橡胶管;8—夹子　　　　　　5—夹子;6—塑料管;7—绳子

图 3-2　急流采样器　　　　　　　　　图 3-3　溶解氧采样器

此外,还有多种结构较复杂的采样器,例如深层采水器、电动采水器、自动采水器、连续自动定时采水器等。

(三)水样的类型

1.瞬时水样

瞬时水样是指在某一时间和地点从水体中随机采集的分散水样。当水体水质稳定,或其组分在相当长的时间或相当大的空间范围内变化不大时,瞬时水样具有很好的代表性;当水体组分及含量随时间和空间变化时,就应隔时、多点采集瞬时样,分别进行分析,摸清水质的变化规律。

2.混合水样

混合水样是指在同一采样点于不同时间所采集的瞬时水样的混合水样,有时称时间混合水样,以与其他混合水样相区别。这种水样在观察平均浓度时非常有用,但不适用于被测组分在贮存过程中发生明显变化的水样。

3.综合水样

综合水样是指把不同采样点同时采集的各个瞬时水样混合后所得到的样品。这种水样在某些情况下更具有实际意义。例如,当为几条废水河、渠建立综合处理厂时,以综合水样取得的水质参数作为设计的依据更为合理。

二、废水样的采集

(一)采样方法

1.浅层水采样

可用容器直接采集,或用聚乙烯塑料长把勺采集。

2.深层水采样

可使用专制的深层采水器采集,也可将聚乙烯筒固定在重架上,沉入要求深度采集。

3. 自动采样

采用自动采样器或连续自动定时采样器采集。例如,自动分级采样式采水器可在一个生产周期内,每隔一定时间将一定量的水样分别采集在不同的容器中;自动混合采样式采水器可定时连续地将定量水样或按流量比采集的水样汇集于一个容器内。

(二)废水样类型

1. 瞬时废水样

对于生产工艺连续、稳定的工厂,所排放废水中的污染组分及浓度变化不大,瞬时废水样具有较好的代表性。对于某些特殊情况,如废水中污染物质的平均浓度合格,而高峰排放浓度超标,这时也可间隔适当时间采集瞬时废水样,并分别测定,将结果绘制成浓度—时间关系曲线,以求得高峰排放时污染物质的浓度;同时也可计算出平均浓度。

2. 平均废水样

由于工业废水的排放量和污染组分的浓度往往随时间起伏较大,为使监测结果具有代表性,需要增大采样和测定频率,但这势必增加工作量,此时比较好的办法是采集平均混合水样或平均比例混合水样。平均混合水样是指每隔相同时间采集等量废水样混合而成的水样,适于废水流量比较稳定的情况;平均比例混合水样是指在废水流量不稳定的情况下,在不同时间依照流量大小按比例采集的混合水样。有时需要同时采集几个排污口的废水样,并按比例混合,其监测结果代表采样时的综合排放浓度。

三、地下水样的采集

从监测井中采集水样常利用抽水机设备。启动后,先放水数分钟,将积留在管道内的杂质及陈旧水排出,然后用采样容器接取水样。对于无抽水设备的水井,可选择适合的专用采水器采集水样。

对于自喷泉水,可在涌水口处直接采样。

对于自来水,要先将水龙头完全打开,放水数分钟,排出管道中积存的死水后再采样。

地下水的水质比较稳定,一般采集瞬时水样即能有较好的代表性。

四、水样的运输和保存

各种水质的水样,从采集到分析测定这段时间内,由于环境条件的改变,微生物新陈代谢活动和化学作用的影响,会引起水样某些物理参数及化学组分的变化。为将这些变化降低到最低程度,需要尽可能地缩短运输时间,尽快分析测定和采取必要的保护措施;有些项目必须在采样现场测定。

(一)水样的运输

对采集的每一个水样,都应作好记录,并在采样瓶上贴好标签,运送到实验室。在运输过程中,应注意以下几点:

(1)要塞紧采样容器器口塞子,必要时用封口胶、石蜡封口(测油类的水样不能用石蜡封口)。

(2)为避免水样在运输过程中因振动、碰撞导致损失或沾污,最好将样瓶装箱,并用泡沫塑料或纸条挤紧。

（3）需冷藏的样品，应配备专门的隔热容器，放入致冷剂，将样品瓶置于其中。

（4）冬季应采取保温措施，以免冻裂样品瓶。

（二）水样的保存

贮存水样的容器可能吸附欲测组分，或者沾污水样，因此要选择性能稳定、杂质含量低的材料制作的容器。常用的容器材质有硼硅玻璃、石英、聚乙烯和聚四氟乙烯。其中，石英和聚四氟乙烯杂质含量低，但价格昂贵，一般常规监测中广泛使用聚乙烯和硼硅玻璃材质的容器。

不能及时运输或尽快分析的水样，则应根据不同监测项目的要求，采取适宜的保存方法。水样的运输时间，通常以 24 h 作为最大允许时间；最长贮放时间一般为：清洁水样 72 h、轻污染水样 48 h、严重污染水样 12 h。

保存水样的方法有以下几种。

1. 冷藏或冷冻法

冷藏或冷冻的作用是抑制微生物活动，减缓物理挥发和化学反应速度。

2. 加入化学试剂保存法

1）加入生物抑制剂

在测定氨氮、硝酸盐氮、化学需氧量的水样中加入 $HgCl_2$，可抑制生物的氧化还原作用；对测定酚的水样，用 H_3PO_4 调至 pH 为 4 时，加入适量 $CuSO_4$，即可抑制苯酚菌的分解活动。

2）调节 pH

测定金属离子的水样常用 HNO_3 酸化至 pH 为 1~2，既可防止重金属离子水解沉淀，又可避免金属离子被器壁吸附；测定氰化物或挥发性酚的水样加入 NaOH 调至 pH 为 12，使之生成稳定的酚盐等。

3）加入氧化剂或还原剂

测定汞的水样需加入 HNO_3 酸化至 pH < 1 和 $K_2Cr_2O_7$（0.05%），使汞保持高价态；测定硫化物的水样，加入抗坏血酸，可以防止被氧化；测定溶解氧的水样则需加入少量硫酸锰和碘化钾固定溶解氧等。

应当注意，加入的保存剂不能干扰以后的测定；保存剂的纯度最好是优级纯的，还应作相应的空白实验，对测定结果进行校正。

水样的贮存期限与多种因素有关，如组分的稳定性、浓度、水样的污染程度等。

我国《水质采样》标准中建议的水样保存方法如表 3-1 所示。

表 3-1　我国《水质采样》标准中建议的水样保存方法

项目	容器类别	保存方法	分析地点	可保存时间	建议
pH	P 或 G		现场		
酸/碱度	P 或 G	2~5 ℃，暗处	实验室	24 h	水样充满容器
电导率	P 或 G	2~5 ℃，暗处		24 h	最好现场测定
色度	P 或 G	2~5 ℃，暗处	现场		最好现场测定

续表 3-1

项目	容器类别	保存方法	分析地点	可保存时间	建议
浊度	P 或 G				最好现场测定
余氯	P 或 G			6 h	最好现场测定
二氧化碳	P 或 G		现场		
溶解氧(DO)	G 或 DO 瓶	加 $MnSO_4$，碱性 $KI - NaN_3$ 溶液		4 ~ 8 h	现场固定
化学需氧量 (COD)	P 或 G	加 H_2SO_4 酸化至 pH<2，2 ~ 5 ℃冷藏	实验室	7 d 或 24 h	最好尽早测
五日生化 需氧量 (BOD_5)	P 或 G	冷冻或 2 ~ 5 ℃冷藏	实验室	1 月或 6 h	
凯氏氮、 硝酸盐氮	P 或 G	加 H_2SO_4 酸化至 pH≤2，2 ~ 5 ℃冷藏	实验室	24 h	
亚硝酸盐氮	P 或 G	2 ~ 5 ℃冷藏	实验室		立即分析
总氮	P 或 G	加 H_2SO_4 酸化至 pH≤2	实验室	24 h	
总有机碳 (TOC)	G	酸化至 pH<2 冷冻	实验室	7 d	
有机氯农药	G	2 ~ 5 ℃冷藏	实验室		现场萃取
有机磷农药	G	现场过滤，2 ~ 5 ℃冷藏	实验室	24 h	
油和脂	G	加 H_2SO_4 酸化至 pH<2，2 ~ 5 ℃冷藏	实验室	24 h	
离子表面 活性剂	G	加 $CHCl_3$，2 ~ 5 ℃冷藏	实验室	7 d	
非离子表面 活性剂	G	使水样含 1%(V/V)甲醛，2 ~ 5 ℃冷藏	实验室	1 月	水充满容器
总磷	P 或 G	加 H_2SO_4 酸化至 pH<2，2 ~ 5 ℃冷藏	实验室	24 h	

注:P 为聚乙烯容器,G 为玻璃容器,DO 瓶为溶解氧瓶。

(三)水样的过滤或离心分离

如欲测定水样中组分的含量,采样后立即加入保存剂,分析测定时充分摇匀后再取样。如果测定可滤(溶解)态组分的含量,国内外均采用以 0.45 μm 微孔滤膜过滤的方法,这样可以有效地除去藻类和细菌,滤后的水样稳定性好,有利于保存。测定不可过滤的金属离子时,应保留过滤水样用的滤膜备用。如没有 0.45 μm 微孔滤膜,对泥沙型水样可用离心方法处理。含有机质多的水样,可用滤纸或砂芯漏斗过滤。用自然沉降后取上清液测定可滤态组分是不恰当的。

第二节　水样的预处理

环境水样的组成是相当复杂的,并且多数污染组分含量低,存在形态各异,所以在分析测定之前,需要进行适当的预处理,以得到欲测组分适于测定方法要求的形态、浓度和消除共存组分干扰的试样体系。下面介绍几种主要的预处理方法。

一、水样的消解

当测定含有机物水样中的无机元素时,需进行消解处理。消解处理的目的是破坏有机物,溶解悬浮性固体,将各种价态的欲测元素氧化成单一高价态或转变成易于分离的无机化合物。消解后的水样应清澈、透明、无沉淀。消解水样的方法有湿式消解法和干式灰化法。

(一)湿式消解法

1. 硝酸消解法

对于较清洁的水样,可用硝酸消解。方法要点是:取混匀的水样 50 ~ 200 mL 于烧杯中,加入 5 ~ 10 mL 浓硝酸,在电热板上加热煮沸,蒸发至一定体积(50 ~ 10 mL),试液应清澈透明,呈浅色或无色,否则,应补加硝酸继续消解。蒸至近干,取下烧杯,稍冷后加 2% 硝酸(或盐酸)20 mL,温热溶解可溶盐。若有沉淀,应过滤,滤液冷至室温后于 50 mL 容量瓶中定容,备用。

2. 硝酸 – 高氯酸消解法

硝酸 – 高氯酸都是强氧化性酸,联合使用可消解含难氧化有机物的水样。方法要点是:取适量水样于烧杯或锥形瓶中,加 5 ~ 10 mL 硝酸,在电热板上加热,消解至大部分有机物被分解。取下烧杯,稍冷,加 2 ~ 5 mL 高氯酸,继续加热至开始冒白烟,如试液呈深色,再补加硝酸,继续加热至冒浓厚白烟(不可蒸干)。取下烧杯冷却,用 2% 硝酸溶解,如有沉淀,应过滤,滤液冷至室温后定容备用。因为高氯酸能与羟基化合物反应生成不稳定的高氯酸酯,有发生爆炸的危险,故先加入硝酸,氧化水样中的羟基化合物,稍冷后再加高氯酸处理。

3. 硝酸 – 硫酸消解法

硝酸 – 硫酸都有较强的氧化能力,其中硝酸沸点低,而硫酸沸点高,二者结合使用,可提高消解温度和消解效果。常用硝酸与硫酸的比例为 5∶2。消解时,先将硝酸加入水样中,加热蒸发至一定体积(5 ~ 10 mL),稍冷,再加入硫酸、硝酸,继续加热蒸发至冒大量白烟,冷却,加适量水,温热溶解可溶盐,若有沉淀,应过滤。为提高消解效果,常加入少量过氧化氢。

该方法不适用于处理测定易生成难溶硫酸盐组分(如铅、钡、锶)的水样。

4. 硫酸 – 磷酸消解法

硫酸、磷酸的沸点都比较高,其中,硫酸氧化性较强,磷酸能与一些金属离子(如 Fe^{3+}

等)络合,故二者结合消解水样,有利于测定时消除 Fe^{3+} 等离子的干扰。

5. 硫酸 - 高锰酸钾消解法

硫酸 - 高锰酸钾常用于消解测定汞的水样。高锰酸钾是强氧化剂,在中性、碱性、酸性条件下都可以氧化有机物,其氧化产物多为草酸根,但在酸性介质中还可继续氧化。方法要点是:取适量水样,加适量硫酸和 5% 高锰酸钾溶液,混匀后加热煮沸,冷却,滴加盐酸羟胺溶液破坏过量的高锰酸钾。

6. 多元消解方法

为提高消解效果,在某些情况下需要采用三种以上酸或氧化剂消解体系。例如,处理测总铬的水样时,用硫酸、磷酸和高锰酸钾消解。

7. 碱分解法

当用酸体系消解水样造成易挥发组分损失时,可改用碱分解法,即在水样中加入氢氧化钠和过氧化氢溶液,或者氨水和过氧化氢溶液,加热煮沸至近干,用水或稀碱溶液温热溶解。

(二)干式灰化法

干式灰化法又称高温分解法。处理过程是:取适量水样于白瓷或石英蒸发皿中,置于水浴上蒸干,移入马弗炉内,于 450 ~ 550 ℃ 灼烧到残渣呈灰白色,使有机物完全分解除去。取出蒸发皿,冷却,用适量 2% 硝酸(或盐酸)溶解样品灰分,过滤,滤液定容后供测定。

本方法不适用于处理测定易挥发组分(如砷、汞、镉、硒、锡等)的水样。

二、富集与分离

当水样中的欲测组分含量低于分析方法的检测限时,就必须进行富集或浓缩;当有共存干扰组分时,就必须采取分离或掩蔽措施。富集和分离往往是不可分割、同时进行的。常用的方法有过滤、挥发、蒸馏、萃取、离子交换、吸附、共沉淀、层析、低温浓缩等,要结合具体情况选择使用。

(一)挥发和蒸发浓缩法

挥发法是指利用某污染物组分挥发度大,或者将欲测组分变成易挥发物质,然后用惰性气体带出达到分离的目的。例如,用冷原子荧光法测定水样中的汞时,先将汞离子用氯化亚锡还原为原子态汞,再利用汞易挥发的性质,通入惰性气体将其带出并送入仪器测定;用分光光度法测定水中的硫化物时,先使之在磷酸介质中生成硫化氢,再用惰性气体载入乙酸锌 - 乙酸钠溶液中吸收,从而达到与母液分离的目的。该吹气分离装置见图3-4。测定废水中的砷时,将其转变成砷化氢气体(H_3As),用吸收液吸收后供分光光度法测定。

蒸发浓缩法是指在电热板上或水浴中加热水样,使水分缓慢蒸发,达到缩小水样体积、浓缩欲测组分的目的。该方法无需化学处理,简单易行,尽管存在缓慢、易吸附等缺点,但无更适宜的富集方法时仍可采用。据有关资料介绍,用这种方法浓缩饮用水样,可使铬、锂、钴、铜、锰、铅、铁和钡的浓度提高 30 倍。

(二)蒸馏法

蒸馏法是利用水样中各种组分具有不同的沸点而使其彼此分离的方法。测定水样中

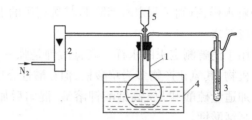

1—500 mL 平底烧瓶(内装水样);2—流量计;3—吸收管;
4—50 ~ 60 ℃ 恒温水浴;5—分液漏斗

图 3-4　测定硫化物的吹气分离装置

的挥发酚、氰化物、氟化物时,均需先在酸性介质中进行预蒸馏分离。在此,蒸馏具有消解、富集和分离三种作用。图 3-5 为挥发酚和氰化物的蒸馏装置。氟化物可用直接蒸馏装置,也可用水蒸气蒸馏装置;水蒸气蒸馏装置虽然对控温要求较严格,但排除干扰效果好,不易发生暴沸,使用较安全,如图 3-6 所示。测定水中的氨氮时,需在微碱性介质中进行预蒸馏分离,图 3-7 为氨氮蒸馏装置。

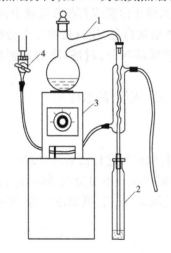

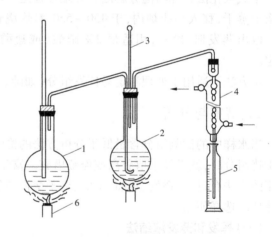

1—500 mL 全玻璃蒸馏器;2—接收瓶;
3—电炉;4—水龙头

图 3-5　挥发酚、氰化物的蒸馏装置

1—水蒸气发生瓶;2—烧瓶(内装水样);
3—温度计;4—冷凝管;5—接收瓶;6—热源

图 3-6　氟化物水蒸气蒸馏装置

(三)溶剂萃取法

1. 原理

溶剂萃取法是基于物质在不同的溶剂中分配系数不同,而达到组分的富集与分离,在水相 – 有机相中的分配系数(K)用下式表示:

$$K = \frac{\text{有机相中被萃取物浓度}}{\text{水相中被萃取物浓度}}$$

溶液中的 K 值大的组分容易进入有机相,而 K 值很小的组分仍留在溶液中。

分配系数(K)是指欲分离组分在两相中的存在形式相同,而实际并非如此,故通常用分配比(D)表示:

$$D = \frac{\sum [A]_{有机}}{\sum [A]_{水}}$$

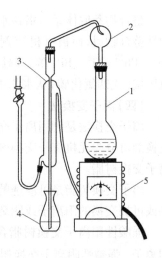

式中　$\sum [A]_{有机}$——欲分离组分 A 在有机相中各种存在形式的总浓度；

　　　$\sum [A]_{水}$——欲分离组分 A 在水相中各种存在形式的总浓度。

分配比和分配系数不同,分配比不是一个常数,是随被萃取物的浓度、溶液的酸度、萃取剂的浓度及萃取温度等条件而变化。只有在简单的萃取体系中,被萃取物质在两相中存在形式相同时,K 才等于 D。分配比反映萃取体系达到平衡时的实际分配情况,具有较大的实用价值。

被萃取物质在两相中的分配还可以用萃取率(E)表示,其表达式为:

1—凯氏烧瓶;2—定氮球;
3—直形冷凝管及导管;
4—收集瓶;5—电炉
图 3-7　氨氮蒸馏装置

$$E = \frac{有机相中被萃取物的量}{水相和有机相中被萃取物的总量} \times 100\%$$

分配比(D)和萃取率(E)的关系如下:

$$E = \frac{D}{D + \dfrac{V_{水}}{V_{有机}}} \times 100\%$$

式中　$V_{水}$——水相的体积;

　　　$V_{有机}$——有机相的体积。

当水相和有机相的体积相同时,若 $D = \infty$,$E = 100\%$,一次即可萃取完全;$D = 100$,$E = 99\%$,一次萃取不完全,需要萃取几次;$D = 10$,$E = 90\%$,需连续萃取才趋于完全;$D = 1$,$E = 50\%$,要萃取完全相当困难。

2. 类型

1)有机物的萃取

分散在水相中的有机物易被有机溶剂萃取,利用此原理可以富集分散在水样中的有机污染物质。例如,用 4 - 氨基安替比林光度法测定水样中的挥发酚时,当酚含量低于 0.05 mg/L,则水样经蒸馏分离后需再用三氯甲烷进行萃取浓缩;用紫外分光光度法测定水中的油和用气相色谱法测定有机农药(六六六、滴滴涕)时,需先用石油醚萃取等。

2)无机物的萃取

由于有机溶剂只能萃取水相中以非离子状态存在的物质(主要是有机物),而多数无机物在水相中均以水合离子状态存在,故无法用有机溶剂直接萃取。为实现用有机溶剂萃取,需先加入一种试剂,使其与水相中的离子态组分相结合,生成一种不带电、易溶于有机溶剂的物质。该试剂与有机相、水相共同构成萃取体系。根据生成可萃取物类型的不同,可分为螯合物萃取体系、离子缔合物萃取体系、三元络合物萃取体系和协同萃取体系等。在环境监测中,螯合物萃取体系用的较多。

螯合物萃取体系是指在水相中加入螯合剂,与被测金属离子生成易溶于有机溶剂的中性螯合物,从而被有机溶剂萃取出来。例如,用分光光度法测定水中的 Cd^{2+}、Hg^{2+}、Zn^{2+}、Pb^{2+}、Ni^{2+}、Bi^{2+} 等,双硫腙(螯合剂)能使上述离子生成难溶于水的螯合物,可用三氯甲烷(或四氯化碳)从水相中萃取出来,三者构成双硫腙 – 三氯甲烷 – 水萃取体系。

(四)离子交换法

离子交换法是利用离子交换剂与溶液中的离子发生交换反应进行分离的方法。离子交换剂可分为无机离子交换剂和有机离子交换剂,目前广泛应用的是有机离子交换剂,即离子交换树脂。

离子交换树脂是可渗透的三维网状高分子聚合物,在网状结构的骨架上含有可电离的或可被交换的阳离子或阴离子活性基团。

强酸性阳离子交换树脂含有活性基团 $-SO_3H$ 基、$-SO_3Na$ 基等,一般用于富集金属阳离子。强碱性阴离子交换树脂含有 $-N(CH_3)_3^+X^-$ 基团,其中 X^- 为 OH^-、Cl^-、NO_3^- 等,能在酸性、碱性和中性溶液中与阴离子交换,应用较广泛。

用离子交换树脂进行分离的操作程序如下。

(1)交换柱的制备:如分离阳离子,则选择强酸性阳离子交换树脂。首先将其在稀盐酸中浸泡,以除去杂质并使之溶胀和完全转变成 H^+ 式,然后用蒸馏水洗至中性,装入充满蒸馏水的交换柱中,应注意防止气泡进入树脂层。需要其他类型的树脂,均可用相应的溶液处理。如用 NaCl 溶液处理强酸性交换树脂,可转变成 Na^+ 式;用 NaOH 溶液处理强碱性交换树脂,可转化成 OH^- 式等。

(2)交换和洗涤:将试液以适宜的流速倾入交换柱,则欲分离离子从上到下一层层地发生交换过程。交换完毕,用蒸馏水洗涤,洗下残留的溶液及交换过程中形成的酸、碱或盐类等。

(3)洗脱:将洗脱溶液以适宜速度倾入洗净的交换柱,洗下交换在树脂上的离子,达到分离的目的。对阳离子交换树脂,常用盐酸溶液作洗脱液;对阴离子交换树脂,常用盐酸溶液、氯化钠或氢氧化钠溶液作洗脱液。对于分配系数相近的离子,可用含有机络合剂或有机溶剂的洗脱液,以提高洗脱过程的选择性。

离子交换技术在富集和分离微量或痕量元素方面得到较广泛的应用。例如,测定天然水中 K^+、Na^+、Ca^{2+}、Mg^{2+}、SO_4^{2-}、Cl^- 等组分,可取数升水样,让其流过阳离子交换柱,再流过阴离子交换柱,则各组分交换在树脂上。用稀盐酸溶液洗脱阳离子,用稀氨水溶液洗脱阴离子,这些组分的浓度能增加数十倍至数百倍。又如,废水中 Cr^{3+} 以阳离子形式存在,Cr^{6+} 以阴离子形式(CrO_4^{2-} 或 CrO_7^{2-})存在,用阳离子交换树脂分离 Cr^{3+},而 Cr^{6+} 不能进行交换,留在流出液中,可测定不同形态的铬。欲分离 Ni^{2+}、Mn^{2+}、Co^{2+}、Cu^{2+}、Fe^{2+}、Zn^{2+},可加入盐酸溶液将它们转变为络阴离子,让其通过强碱性阴离子交换树脂,则被交换在树脂上,用不同浓度的盐酸溶液洗脱,可达到彼此分离的目的。Ni^{2+} 不生成络阴离子,不发生交换,在用 12 mol/L HCl 溶液洗脱时,最先流出;接着用 6 mol/L HCl 溶液洗脱 Mn^{2+}、用 4 mol/L HCl 溶液洗脱 Co^{2+}、用 2.5 mol/L HCl 溶液洗脱 Cu^{2+}、用 0.5 mol/L HCl 溶液洗脱 Fe^{3+};最后,用 0.05 mol/L HCl 溶液洗脱 Zn^{2+}。洗脱曲线如图 3-8 所示。

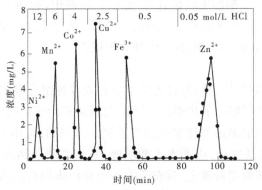

图3-8　离子的洗脱曲线

(五)共沉淀法

共沉淀是指溶液中一种难溶化合物在形成沉淀的过程中,将共存的某些痕量组分一起载带沉淀出来的现象。共沉淀现象在常量分离和分析中是力图避免的,但却是一种分离富集微量组分的手段。例如,在形成硫酸铜沉淀的过程中,可使水样中浓度低至 0.02 $\mu g/L$ 的 Hg^{2+} 沉淀出来。

共沉淀的原理基于表面吸附、生成混晶、异电核胶态物质相互作用及包藏等。

1.利用表面吸附进行的共沉淀分离

该方法常用的共沉淀剂有 $Fe(OH)_3$、$Al(OH)_3$、$Mn(OH)_2$ 及硫化物等。由于它们是表面积大、吸附能力强的非晶形胶体沉淀,故吸附和富集效率高。例如,分离含铜溶液中的微量铝,仅加氨水不能使铝以 $Al(OH)_3$ 沉淀析出,若加入适量 Fe^{3+} 和氨水,则利用生成的 $Fe(OH)_3$ 沉淀作载体,吸附 $Al(OH)_3$ 转入沉淀,与溶液中的 $Cu(NH_3)_4^{2+}$ 分离;用吸光光度法测定水样中的 Cr^{6+} 时,当水样有色、混浊、Fe^{3+} 含量低于 200 mg/L 时,可在 pH = 8~9条件下用 $Zn(OH)_2$ 作共沉淀剂吸附分离干扰物质。

2.利用生成混晶进行的共沉淀分离

当欲分离微量组分及沉淀剂组分生成沉淀时,如具有相似的晶格,就可能生成混晶而共同析出。例如,硫酸铅和硫酸锶的晶形相同,如分离水样中的痕量 Pb^{2+},可加入适量 Sr^{2+} 和过量可溶性硫酸盐,则生成 $PbSO_4 - SrSO_4$ 的混晶,将 Pb^{2+} 共沉淀出来。有资料介绍,以 $SrSO_4$ 作载体,可以富集海水中 10^{-8} 级的 Cd^{2+}。

3.利用有机共沉淀剂进行的共沉淀分离

有机共沉淀剂的选择性较无机共沉淀剂的高,得到的沉淀也较纯净,并且通过灼烧可除去有机共沉淀剂,留下欲测元素。例如,在含痕量 Zn^{2+} 的弱酸性溶液中,加入硫氰酸铵和甲基紫,由于甲基紫在溶液中电离成带正电荷的大阳离子 B^+,它们之间发生如下共沉淀反应:

$$Zn^{2+} + 4SCN^- = Zn(SCN)_4^{2-}$$

$$2B^+ + Zn(SCN)_4^{2-} = B_2Zn(SCN)_4 \quad (形成缔合物)$$

$$B^+ + SCN^- = BSCN\downarrow \quad (形成载体,即共沉淀剂)$$

$B_2Zn(SCN)_4$ 与 BSCN 发生共沉淀,因而将痕量 Zn^{2+} 富集于沉淀之中。

又如,痕量 Ni^{2+} 与丁二酮肟生成螯合物,分散在溶液中,若加入丁二酮肟二烷酯(难溶于水)的乙醇溶液,则析出固相的丁二酮肟二烷酯,便将丁二酮肟镍螯合物共沉淀出来。丁二酮肟二烷酯只起载体作用,称为惰性共沉淀剂。

(六)吸附法

吸附是利用多孔性的固体吸附剂将水样中一种或数种组分吸附于表面,以达到分离目的。常用的吸附剂有活性炭、氧化铝、分子筛、大网状树脂等。被吸附富集于吸附剂表面的污染组分,可用有机溶剂或加热解吸出来供测定。例如,可用 DA201 大网状树脂富集海水中 10^{-9} 级的有机氯农药,用无水乙醇解吸,石油醚萃取两次,经无水硫酸钠脱水后,用气相色谱电子捕获检测器测定,对农药的各种异构体均得到满意的分离,其回收率均在 80% 以上,且重复性好,一次能富集几升甚至几十升海水。

第三节 定量分析中的误差

在定量分析中,要求分析结果有一定的准确度,因为不准确的分析结果会导致错误的结论。在对试样分析的过程中,由于受到分析方法和测量仪器等方面的限制,即使对同一试样进行多次分析测定,也不可能获得完全一致的结果,这就说明在分析过程中的误差是客观存在的。因此,我们对试样进行定量测定时,不仅要得到被测组分的含量,而且必须对分析结果进行评价,判断分析结果的准确性;检查产生误差的原因和采取减少误差的措施,使分析结果的准确度符合定量分析的要求。

一、误差的分类及其产生的原因

误差是指测定值与真实值之间的差值。测定值大于真实值,误差为正;测定值小于真实值,误差为负。根据误差的性质和产生的原因,误差可分为系统误差和偶然误差两大类。

(一)系统误差

系统误差是指在分析过程中,由于某些固定因素所造成的误差。系统误差的性质是:在同一测量条件下,它的数值是恒定的,重复测量时误差的符号和大小会重复出现,因此测定结果总是比真实值偏高或偏低。系统误差数值的正负和大小是可以测量出来的,因而查明其出现的原因后,可以进行校正。故系统误差又称为可测误差。

系统误差产生的原因有以下几种情况。

1. 方法误差

方法误差是由于分析方法不够完善而引入的误差。例如,在重量分析中称量沉淀时,由于沉淀的溶解,减少了质量,或因沉淀吸附了某些杂质,增加了质量而产生误差;在滴定分析中,由于反应不完全,或指示剂选择不恰当,以及存在某种干扰离子等,都会系统地影响测定结果。

2. 仪器误差

仪器误差是由于测量仪器本身不够精确而引入的误差。例如,天平的灵敏度不符合要求、砝码未校正,量器的刻度不够准确等。

3. 试剂误差

试剂误差是由于试剂不纯,或所用的去离子水中含有微量杂质所引起的误差。

4. 操作误差

操作误差一般是指在正常情况下,由于分析工作者主观因素所造成的误差。例如,分析者读滴定管读数时偏高或偏低,对某种颜色的辨别不够敏锐等。

(二)偶然误差

偶然误差是在测定过程中,由于某偶然因素(如测量时环境的温度、湿度和气压的偶然波动)所引起的。因此,偶然误差的性质是:其数值有时大、有时小,符号有时正、有时负。偶然误差出现的原因往往难以察觉,也难以控制,所以又叫不可测误差。但是在消除了系统误差后,在相同情况下进行多次测量,便会发现偶然误差的分布符合一般的统计规律:①大小相等的正误差和负误差出现的概率相等;②小误差出现的机会多,大误差出现的机会少,个别特别大的误差出现的机会极少。

偶然误差的这种规律性可用正态分布曲线表示,如图 3-9 所示。图中横坐标表示误差的大小,以标准偏差 σ 为单位(标准偏差见本节中误差与偏差的表示方法),纵坐标表示误差发生的频率。根据上述规律,显然,经多次测量后取其算术平均值就可以减少偶然误差。通常以多次平行实验来表示分析结果。

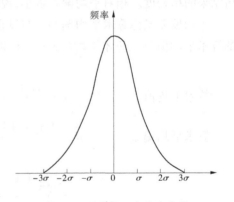

图 3-9 误差的正态分布曲线

二、误差和偏差的表示方法

(一)准确度与误差

准确度是指测定值与真实值之间的符合程度。分析结果准确度的高低通常用误差来衡量,误差越小,分析结果的准确度越高;反之,准确度越低。分析中一般用绝对误差和相对误差两种方式来表示误差。

绝对误差是测定值与真实值之差,其表示方法为:

$$绝对误差 = 测定值 - 真实值$$

相对误差是表示绝对误差在真实值中所占的百分率。其表示方法为:

$$相对误差 = \frac{绝对误差}{真实值} \times 100\%$$

例如,用分析天平称取一物体,其质量为 0.163 7 g,假设该物体的真实质量为 0.163 8 g,则称量的绝对误差和相对误差分别为:

$$绝对误差 = 0.163 7 - 0.163 8 = -0.000 1$$

$$相对误差 = \frac{-0.000 1}{0.163 8} \times 100\% = -0.06\%$$

如果用分析天平称取另一物体,其质量为 1.637 1 g,假设该物体的真实质量为 1.638 1

g,则称量的绝对误差和相对误差分别为：

$$绝对误差 = 1.637\ 1 - 1.638\ 1 = -0.001\ 0$$

$$相对误差 = \frac{-0.001\ 0}{1.638\ 1} \times 100\% = -0.061\%$$

从以上计算可知,第一个物体的称量结果比第二个物体称量结果的相对误差大 10 倍。因此,分析中常用相对误差来比较各种情况下测定结果的准确度。

绝对误差和相对误差都有正值和负值,正值表示分析结果偏高,负值表示分析结果偏低。

(二)精密度与偏差

在实际分析工作中,真实值通常是不知道的,因此工作人员要在相同条件下进行多次平行实验。如果多次平行实验测定的数值比较接近,则表示分析结果的精密度高。精密度是指多次测定结果的符合程度。我们将多次结果取算术平均值,平均值与各次测量结果之差称为偏差。偏差又分为绝对偏差和相对偏差。分析中常用相对平均偏差来衡量分析结果的精密度。相对平均偏差越小,说明分析结果的精密度越高。

平均偏差又称算术平均偏差。假设在相同条件下,对同一试样进行 n 次测量,则它们的算术平均值($\bar{x}$)、算术平均偏差($\bar{d}$)和相对平均偏差(RAD)可分别由以下各式求得：

算术平均值
$$\bar{x} = \frac{x_1 + x_2 + \cdots + x_n}{n} = \frac{\sum\limits_{i=1}^{n} x_i}{n} \tag{3-1}$$

算术平均偏差
$$\bar{d} = \frac{|x_1 - \bar{x}| + |x_2 - \bar{x}| + \cdots + |x_n - \bar{x}|}{n}$$

$$= \frac{\sum\limits_{i=1}^{n} |x_i - \bar{x}|}{n} \tag{3-2}$$

相对平均偏差
$$RAD = \frac{\bar{d}}{\bar{x}} \times 100\% \tag{3-3}$$

用算术平均偏差表示精密度比较简单,但由于在一系列测定结果中,小偏差的测定结果总是占多数,大偏差的测定结果总是占少数,如果按总的测定次数求算术平均偏差,大偏差得不到应有的反映,所得结果会偏小。因此,在数理统计中常采用标准偏差来衡量数据的精密度。

标准偏差也称均方根偏差,用 σ 表示,其数学表达式为：

$$\sigma = \sqrt{\frac{(x_1 - \mu)^2 + (x_2 - \mu)^2 + \cdots + (x_n - \mu)^2}{n}}$$

$$= \sqrt{\frac{\sum\limits_{i=1}^{n} (x_i - \mu)^2}{n}} \tag{3-4}$$

式中,μ 是无限次测量的平均值,称为总体平均值。显然,在消除了系统误差的情况下,总体平均值 μ 就是真值。

在计算标准偏差中,将各次结果的偏差加以平方,这样就能使大偏差更显著地反映出来,因此能更好地说明数据的分散程度。

然而,在一般分析工作中,只做有限次的测定($n < 20$),测不到总体平均值,只能求出测量的算术平均值,因此对于一组测量数据的偏差,只能用样本的标准偏差 s 来表示。样本标准偏差 s 的数学表达式为:

$$s = \sqrt{\dfrac{\sum\limits_{i=1}^{n}(x_i - \bar{x})^2}{n-1}} \tag{3-5}$$

若测量次数的 n 值很大,则分母 $n-1$ 与 n 的差别很小,此时 $\bar{x}$ 接近于 μ,则 s 接近于 σ,即样本的标准偏差接近于总体标准偏差。

【例 3-1】 用重铬酸钾法测得某废水中铁的百分含量分别为 2.03%、2.04%、2.02%、2.05%、2.06%,试计算分析结果的算术平均值、算术平均偏差、标准偏差。

解

算术平均值

$$\bar{x} = \frac{\sum\limits_{i=1}^{n} x_i}{n} = \frac{2.03\% + 2.04\% + 2.02\% + 2.05\% + 2.06\%}{5} = 2.04\%$$

算术平均偏差

$$\bar{d} = \frac{\sum\limits_{i=1}^{n} |x_i - \bar{x}|}{n} = \frac{0.06}{5} = 0.012$$

标准偏差

$$s = \sqrt{\frac{\sum\limits_{i=1}^{n}(x_i - \bar{x})^2}{n-1}} = \sqrt{\frac{0.001}{4}} = 0.016$$

由以上讨论可知:偶然误差影响测量结果的精密度,精密度高说明测量中的偶然误差小,但良好的精密度并不能说明准确度高,因为系统误差影响分析结果的准确度。所以,在评价分析结果时,必须将系统误差和偶然误差结合起来考虑。只有在既消除了系统误差,又尽可能控制偶然误差发生的情况下,才能获得精密度好、准确度高的分析结果。

三、提高分析结果准确度的方法

减少测量中的误差是提高分析结果准确度的有效措施。因此,在测量中要尽可能地减小系统误差和偶然误差。提高分析结果准确度的方法如下。

(一)消除测量过程中的系统误差

前面已讨论过系统误差是由多方面的原因造成的,因此应根据具体情况,采用不同的方法来检验和消除系统误差。

1. 对照试验

对照试验是取一定量已知数据的标准样品,按测定试样相同的方法进行操作,将测量结果与标准数据比较,这样就能说明分析结果是否可靠以及这一方法的准确程度。

2. 空白试验

如果误差是由于试剂纯度不够或去离子水中含有干扰组分而造成的,则可在测定试样的同时作空白试验以减小误差。空白试验是在不加试样的情况下,按测定试样时的相同步骤和条件进行测定,所得结果称为空白值。显然,空白值是由于试剂和水中的杂质而造成的,故应从试样分析结果中扣除空白值,才能得到接近于试剂真实含量的结果。如果空白值过大,就必须采取提纯试剂和去离子水,或更换纯度较高的试剂的措施。

3. 校准仪器

在要求准确度较高的分析中,对所用的仪器,如天平、砝码、滴定管、移液管、容量瓶等都必须事先进行校准,求出校正值,用以在计算结果时消除仪器带来的误差。

4. 应用校正值

对某些无法消除的误差,可用校正值来校正。例如,用重量分析法测定某待测组分时,由于待测组分不可能完全沉淀,不可避免地总有一部分因溶解而损失。由此而造成的误差可用比色法测出滤液的残留量,予以校正。如果待测组分溶解度很小,则可忽略不计。

(二)减少测量中的偶然误差

在消除了系统误差的情况下,增加平行测定次数可以减少偶然误差,平行测定次数越多,则测得的算术平均值越接近真实值。通常在定量分析中,对于同一试样进行 2～4 次平行测定即可。如果对分析结果的准确度要求较高,可增加测定次数,一般可增加到 10 次左右。

第四节　分析数据的处理

一、置信度与置信区间

由上节已知偶然误差的分布是正态分布。在图 3-9 中,横坐标代表误差的大小,纵坐标代表各点误差出现的频率。曲线从 $-\infty$ 到 $+\infty$ 与横坐标之间所包括的面积代表具有各种大小误差测定值出现概率的总和,设为 100%。可以算出当误差在 $-\sigma$ 到 $+\sigma$ 之间曲线与横坐标所包围的面积为 68.3%,即在这个区间包含真值的概率为 68.3%。同样,可算出 $\pm 2\sigma$ 和 $\pm 3\sigma$ 区间的概率分别为 95.5% 和 99.7%。统计学中把一定概率下真值的取值范围称为置信区间,其概率称为置信概率或置信度(也称置信水平)。

在实际分析工作中,由于测定次数是有限的,只知道算术平均值 $\bar{x}$ 和样本的标准偏差 s。在消除了系统误差的条件下,由统计学可以推导出有限测定次数的算术平均值 $\bar{x}$ 与总体平均值(即真值)μ 之间的关系为:

$$\mu = \bar{x} \pm \frac{ts}{\sqrt{n}} \tag{3-6}$$

式中,t 为置信因素,t 值随置信度和测定次数(n)的不同而异。在不同置信度要求下,t 值随测定次数变化的数值见表 3-2。

表 3-2　不同测定次数和不同置信度要求下的 t 值

测定次数	置信度			
n	90%	95%	99%	99.5%
2	6.31	12.71	63.66	127.32
3	2.92	4.30	9.92	14.98
4	2.35	3.18	5.84	7.45
5	2.13	2.78	4.60	5.60
6	2.02	2.57	4.03	4.77
7	1.94	2.45	3.71	4.32
8	1.90	2.36	3.50	4.03
9	1.86	2.31	3.36	3.83
10	1.83	2.26	3.25	3.60
11	1.81	2.23	3.17	3.59
21	1.73	2.09	2.85	3.15
∞	1.64	1.96	2.58	2.81

式(3-6)说明了平均值的可靠性,虽然平均值不是真值,但可以表明在一定的置信度下,其值落在一定可靠的范围内,这个范围就是置信区间。

【例 3-2】　经 6 次测定水样中某组分的含量,其算术平均值为 9.46%、标准偏差为 0.17%,如果要求置信度为 90%,求平均值的置信区间为多少?

解　由表 3-2 查得:置信度为 90%、测定次数 $n=6$ 时,置信因素 $t=2.02$,代入式(3-6)中,得

$$\mu = \bar{x} \pm \frac{ts}{\sqrt{n}} = 9.46 \pm \frac{2.02 \times 0.17}{\sqrt{6}} = 9.46 \pm 0.14(\%)$$

这说明真值有 90% 的可能性落在 9.32%～9.60% 这一范围内。

二、可疑测定值的取舍

在一组平行实验所测得的数据中,常有个别测定值与其他数据相差较远,这一数据称为可疑测定值。如果确实知道该数据是在实验过程中有操作上的错误,则可舍弃这次实验的测量数据,否则不能任意取舍,必须根据误差理论来决定可疑测定值的取舍。决定可疑测定值取舍的方法有以下几种。

(一)$4\bar{d}$ 法

从误差的特性可知,在一组测定数值中,出现大偏差测定值的概率是很小的。例如,偏差大于 3σ 的测定值出现的概率小于 0.3%,偏差大于 4σ 的测定值出现的概率就更小了,这一测定值通常可以舍弃。

在实际工作中可用 s 代替 σ,用 $\bar{d}$ 代表平均偏差。可粗略地认为偏差大于 $4\bar{d}$ 的个别测定值可以弃去。用 $4\bar{d}$ 法处理实验中的可疑测定值的步骤如下:

（1）将可疑测定值除外,计算其余测定值的平均值($\bar{x}_{n-1}$)和平均偏差($\bar{d}$)。

（2）找出可疑测定值与平均值的偏差（即可疑测定值 $-\bar{x}_{n-1}$）。

（3）若可疑测定值与平均值的偏差大于平均偏差的 4 倍,即

$$\frac{可疑测定值 - \bar{x}_{n-1}}{\bar{d}} > 4$$

则此可疑值应该弃去,否则应予以保留。

【例 3-3】　用 Na_2CO_3 作基准试剂,标定 HCl 溶液的浓度,其测定结果分别为:0.504 2 mol/L、0.508 6 mol/L、0.506 3 mol/L、0.505 1 mol/L、0.506 4 mol/L、0.505 0 mol/L,试问 0.508 6 mol/L 这一数据是否可以弃去?

解　（1）先计算不包括可疑测定值 0.508 6 mol/L 在内的其余 5 个测定值的平均值 $\bar{x}$ 和平均偏差 $\bar{d}$:

$$\bar{x} = 0.505 4 \qquad \bar{d} = 0.000 76$$

（2）求可疑测定值与平均值的偏差为:

$$0.508 6 - 0.505 4 = 0.003 2$$

（3）$\dfrac{0.003 2}{0.000 76} = 4.2 > 4$。

故 0.508 6 mol/L 这个测定值可以弃去。

$4\bar{d}$ 法虽然简单,但这种处理方法不够严密,因为该法是先将可疑测定值删去后,再进行检验的,容易将原来可能有效的数据也舍弃掉,故只能用来处理一些要求不高的实验数据。

（二）Q 检查法

Q 检查法适用于测定次数为 3 ~ 10 次的实验数据,具体步骤如下:

（1）将测得的数据由小到大按顺序排列,如 $x_1,x_2,\cdots,x_n$。设 x_1 或 x_n 为可疑测定值。

（2）求出最大测定值与最小测定值之差 $x_n - x_1$。

（3）求出可疑测定值与最邻近的测定值之差 $x_n - x_{n-1}$ 或 $x_2 - x_1$。

（4）求出统计量 Q,$Q = \dfrac{x_n - x_{n-1}}{x_n - x_1}$ 或 $Q = \dfrac{x_2 - x_1}{x_n - x_1}$。

（5）根据测定次数(n)和要求的置信度（如 90%）查表 3-3 得出 $Q_{0.90}$。

表 3-3　不同置信度下可以舍弃数据的 Q 值表

测定次数 n	置信度			测定次数 n	置信度		
	90% ($Q_{0.90}$)	96% ($Q_{0.96}$)	99% ($Q_{0.99}$)		90% ($Q_{0.90}$)	96% ($Q_{0.96}$)	99% ($Q_{0.99}$)
3	0.94	0.98	0.99	7	0.51	0.59	0.68
4	0.76	0.85	0.93	8	0.47	0.54	0.63
5	0.64	0.73	0.82	9	0.44	0.51	0.60
6	0.56	0.64	0.74	10	0.41	0.48	0.57

（6）将 Q 与 $Q_{0.90}$ 进行比较,若 $Q \geqslant Q_{0.90}$,则此可疑测定值应弃去,否则应予以保留。

【例3-4】　用邻苯二钾酸氢钾(KHP)作基准试剂,对 NaOH 溶液的浓度进行标定,其测定值分别为 0.104 2 mol/L、0.108 0 mol/L、0.106 3 mol/L、0.105 0 mol/L、0.105 1 mol/L、0.106 4 mol/L,试问 0.108 0 mol/L 这个值是否应该弃去(置信度要求为90%)。

解　（1）将测定结果从小到大按顺序排列:0.104 2、0.105 0、0.105 1、0.106 3、0.106 4、0.108 0;

（2）计算 $x_n - x_{n-1} = 0.108\ 0 - 0.106\ 4 = 0.001\ 6$;

（3）计算 $x_n - x_1 = 0.108\ 0 - 0.104\ 2 = 0.003\ 8$;

（4）计算 Q 值, $Q = \dfrac{x_n - x_{n-1}}{x_n - x_1} = \dfrac{0.001\ 6}{0.003\ 8} = 0.42$;

（5）查表 3-3 得:$n = 6$ 时,$Q_{0.90} = 0.56$;

（6）$Q < Q_{0.90}$,故 0.108 0 mol/L 这个测定值不能弃去。

Q 检查法符合数理统计原理,计算方法简便,但数据的离散性越大,$x_n - x_1$ 就越大,可疑测定值越不能舍弃。因此,其准确度较差。

(三)置信区间法(t 检验法)

当可疑测定值在置信区间($\bar{x} \pm \dfrac{ts}{\sqrt{n}}$)以内时,则此数据应予以保留。

【例3-5】　测定某废水中铁的含量,其测定值分别为:4.02%、4.12%、4.16%、4.18%、4.20% 和 4.18%,试以 t 检验法判断该数据中是否有可以舍弃的数据(置信度要求为95%)。

解　（1）查表 3-2,置信度为 95%,$n = 6$ 时,$t = 2.57$;

（2）测定结果的算术平均值为 $\bar{x} = 4.14\%$,标准偏差为 $s = 0.066$,则

$$4.14 \pm \frac{2.57 \times 0.066}{\sqrt{6}} = 4.14 \pm 0.07(\%)$$

结果表明,4.02% 这一测定值不在 4.07% ~ 4.21% 区间内,故应舍弃。

t 检验法在判断可疑测定值的过程中,应用了正态分布中的两个最重要的参数 $\bar{x}$ 和 s,所以此法的准确度比较高。

第五节　有效数字及其运算规则

一、有效数字

分析实验测得的数据,不仅表示测定结果的大小,而且还应反映所测数据的准确程度。因此,在记录实验数据和计算结果时,保留几位数字是很重要的。例如,滴定管的读数 25.53 mL,前面三位数字是根据滴定管的刻度读得的,是准确可靠的,其最后一位是操作者估计的,因此可能有 ±0.01 的误差,是个可疑数字,但记录数据时应该保留它。通常把所有的准确数字和一位可疑数字统称为有效数字。

在记录实验数据时,保留几位有效数字是由测量仪器的精密度来确定的。例如,在普

通台式天平上称量某一物体的质量为 12.1 g,因为台式天平只能称准至 ±0.1 g,所以该物体的质量应在 12.0 ~ 12.2 g,故可保留三位有效数字。如果用分析天平称量同一物体,其质量为 12.135 7 g,因为分析天平能称准至 ±0.000 1 g,所以该物质的质量应在 12.135 6 ~ 12.135 8 g,故可保留六位有效数字。如果把后者的数据记录为 12.136 g,则其测量误差就会增加 10 倍,因此任意增加或减少有效数字的位数都是不允许的。必须指出,数据中的"0"可以是有效数字,也可以不是有效数字。数据中间的"0",如 1.000 5 g 中的三个"0"都是有效数字;数据前面的"0",如 0.051 2 g 中的"0"不是有效数字,只起定位作用,故此数据有效数字只有三位;对于数字后面的"0",必须根据具体情况区别对待,如 120 g 中的"0"是有效数字,该数据为三位有效数字。如果在称量中只准确称量到第二位,则应采用科学的记数方法记为 1.2×10^2 g,表示有效数字为二位。

二、有效数字的运算规则

有效数字的运算是近似运算,必须遵守一定的规则,否则任意取舍有效数字就会损害计算的准确性,得不到正确的计算结果。

(一)加减法

当几个数据相加减时,各数据有效数字的保留应以小数点后位数最少(即绝对误差最大)的数据为依据,如 0.012 1 + 25.64 + 1.057 82 = ? 因各个数据的最后一位是可疑数字。其中第二个数据中,小数点后第二位已是可疑数字,所以三个数据相加后的结果,小数点后第二位数也是可疑数字,因此 0.012 1 和 1.057 82 两个数据可按四舍五入的方法整理为只保留小数点后两位数字,然后相加,即 0.01 + 25.64 + 1.06 = 26.71。

(二)乘除法

当几个数据相乘除时,应以有效数字位数最少(即相对误差最大)的数据为依据。如 0.012 1 × 25.64 × 1.057 82 = ? 因为这三个数据的最后一位数字均为可疑数字,且都有 ±1 的绝对误差,这三个数据的相对误差分别为:

$$\pm \frac{0.000\ 1}{0.012\ 1} \times 100\% = \pm 0.8\%$$

$$\pm \frac{0.01}{25.64} \times 100\% = \pm 0.04\%$$

$$\pm \frac{0.000\ 01}{1.057\ 82} \times 100\% = \pm 0.000\ 9\%$$

可见 0.012 1 的相对误差最大,所以应以此数据的有效数字位数为依据来确定其他数据的位数,即各数据都保留三位有效数字,然后相乘,即 0.012 1 × 25.6 × 1.06 = 0.328。

定量分析中,常量组分(即含量在 1% 以上的组分)一般要求准确到四位有效数字。微量组分(即含量在 1% 以下的组分)一般则只要求三位有效数字。因此,在测量和运算中,有效数字位数的保留应与之相适应。

第四章　物理性质的检验

　　天然水体不仅是供给人类一切用水的源泉,而且是接纳生活污水和工业废水的主要场所。水体中水质的好坏直接关系着工农业生产的发展,以及水生生物的存亡和人民的身体健康。为了正确地评价天然水质的状况,必须对天然水进行水质分析,以确定水体污染的程度和水质的变化规律。这样才能为选择水源、防治污染、改善水质提供科学依据。因此,有必要对水质分析方法的基本原理进行讨论。

　　分析化学是研究物质化学组成的分析方法及有关理论的科学。它包括定性分析和定量分析两部分,定性分析的任务是鉴定物质所含的组分,定量分析的任务是测定各组分的相对含量。一般来说,首先必须了解物质的定性组成,然后根据要求,选择适当的方法,对某些组分进行定量测定。但是,在水质常规分析中,分析水样的定性组成往往是已知的,因此可以直接进行定量分析。

第一节　定量分析方法的分类

　　定量分析根据测定方法的不同,大致可分为两大类,即化学分析法和仪器分析法。

一、化学分析法

　　以物质的化学反应为基础的分析方法,称为化学分析法。化学分析法又可分为重量分析法和滴定分析法。

(一)重量分析法

　　重量分析法通常是使试样中的被测组分与其他组分分离后,转化为一种纯粹的、化学组成固定的化合物,称其质量,从而计算出被测组分含量的分析方法。

(二)滴定分析法

　　滴定分析法是用一种已知准确浓度的试剂溶液(即标准溶液)滴加到被测组分的溶液中去,使之发生反应,直到反应完全为止,然后根据标准溶液的浓度和所消耗的体积,计算出被测组分含量的分析方法。

二、仪器分析法

　　以物质的物理和物理化学性质为基础的分析方法,称为仪器分析法。由于这类方法需要借助光电等方面的仪器进行测量,故称为仪器分析法。仪器分析法主要有光学分析法、电化学分析法等。

(一)光学分析法

　　利用物质光学性质测量待测组分含量的方法,称为光学分析法。例如,比色分析法、分光光度法、发射光谱法、原子吸收分光光度法等。

（二）电化学分析法

利用物质的电学及电化学性质测量待测组分含量的方法，称为电化学分析法。例如，电势分析法、电导滴定法、极谱分析法等。

水质分析中常用的方法有重量分析法、滴定分析法、分光光度法等。这些方法的基本原理及应用将分别在以下章节中予以介绍。

第二节　物理指标监测

一、水温

水的物理化学性质与水温有密切的关系。水中溶解性气体（如氧、二氧化碳等）的溶解度、水生生物和微生物的活动、化学和生物化学反应的速度、盐度及 pH 等都受水温变化的影响。

水的温度因水源不同而有很大差异。一般来说，地下水温度比较稳定，通常为 8 ~ 12 ℃；地表水随季节和气候变化较大，大致变化范围为 0 ~ 30 ℃。工业废水的温度因工业类型、生产工艺不同有很大差别。

水温测量应在现场进行。常用的测量仪器有水温计、颠倒温度计等。

（一）水温计

水温计是安装于金属半圆槽壳内的水银温度表，下端连接一金属贮水杯，温度表水银球部悬于杯中，其顶端的槽壳带一圆环，拴以一定长度的绳子。测温范围通常为 - 6 ~ 41 ℃，最小分度为 0.2 ℃。测量时将其插入一定深度的水中，放置 5 min 后，迅速提出水面并读数。

（二）颠倒温度计

颠倒温度计用于测试深层水温度，一般装在采水器上使用。它由主温表和辅温表构成。主温表是双端式水银温度计，用于观测水温；辅温表为普通水银温度计，用于观测读取水温时的气温，以校正因环境温度改变而引起的主温表读数的变化。测量时，将其沉入预定深度水层，感温 7 min。提出水面后立即读数，并根据主、辅温度表的读数，用海洋常数表进行校正。

水温计和颠倒温度计应定期校核。

二、颜色

颜色、浊度、悬浮物等都是反映水体外观的指标。纯水为无色透明，天然水中存在腐殖质、泥土、浮游生物和无机矿物质，使其呈现一定的颜色。工业废水中含有染料、生物色素、有色悬浮物等，是环境水体着色的主要来源。有颜色的水可减弱水体的透光性，影响水生生物生长。

水的颜色可分为真色和表色两种。真色是指去除悬浮物后水的颜色；表色是指没有去除悬浮物的水所具有的颜色。对于清洁或浊度很低的水，其真色和表色相近；对于着色很深的工业废水，二者差别较大。水的色度一般是指真色而言。水的颜色常用以下方法测定。

(一)铂钴标准比色法

铂钴标准比色法是用氯铂酸钾与氯化钴配成标准色列,再与水样进行目视比色确定水样的色度。规定每升水中含 1 mg 铂和 0.5 mg 钴所具有的颜色为 1 度,作为标准色度单位。测定时如果水样混浊,则应放置澄清,也可用离心法或用孔径为 0.45 μm 的滤膜过滤去除悬浮物,但不能用滤纸过滤。

该方法适用于较清洁的、带有黄色色调的天然水和饮用水的测定。如果水样中有泥土或其他分散很细的悬浮物,用澄清、离心等方法处理仍不透明时,则测定表色。

(二)稀释倍数法

稀释倍数法适用于受工业废水污染的地表水和工业废水颜色的测定。测定时,首先用文字描述水样颜色的种类和深浅程度,如深蓝色、棕黄色、暗黑色等,然后取一定量水样,用蒸馏水稀释到刚好看不到颜色,根据稀释倍数表示该水样的色度。

所取水样应无树叶、枯枝等杂物,取样后应尽快测定,否则,于 4 ℃保存并在 48 h 内测定。

(三)分光光度法

用分光光度法求出有色水样的三激励值,然后查专门的图和表,得知水样的色调(红、绿、黄等),最后的结果用主波长、色调、明度、饱和度(柔和、浅淡等)四个参数来表示该水样的颜色。近年来,我国某些行业已试用这种方法检验排水水质。

三、臭

臭是检验原水和处理水水质的必测项目之一。水中臭主要来源于生活污水和工业废水中的水污染物、天然物质的分解或与之有关的微生物活动。由于大多数臭太复杂,可检出浓度又太低,故难以分离和鉴定产臭物质。

无臭无味的水虽然不能保证是安全的,但有利于饮用者对水质的信任。检验臭也是评价水处理效果和追踪污染源的一种手段。测定臭的方法有定性描述法和臭阈值法。

(一)定性描述法

定性描述法的要点是:取 100 mL 水样于 250 mL 锥形瓶中,检验人员依靠自己的嗅觉,分别在 20 ℃和煮沸稍冷后闻其臭,用适当的词语描述其臭特征,并按表 4-1 划分的等级报告臭强度。

表 4-1　臭强度等级

等级	强度	说明
0	无	无任何气味
1	微弱	一般饮用者难于察觉,嗅觉敏感者可以察觉
2	弱	一般饮用者刚能察觉
3	明显	已能明显察觉,不加处理,稍能饮用
4	强	有很明显的臭味
5	很强	有强烈的恶臭

(二)臭阈值法

臭阈值法是用无臭水稀释水样,直至闻出最低可辨别臭气的浓度(称臭阈浓度),用其表示臭的阈限。水样稀释到刚好闻出臭味时的稀释倍数称为臭阈值,即

$$臭阈值 = \frac{水样体积(mL) + 无臭水体积(mL)}{水样体积(mL)}$$

臭阈值法的要点是:用水样和无臭水在锥形瓶中配制水样稀释系列(稀释倍数不要让检验人员知道),在水浴上加热至(60 ± 1)℃;检验人员取出锥形瓶,振荡 2 ~ 3 次,去塞,闻其臭气,与无臭水比较,确定刚好闻出臭气的稀释样,计算臭阈值。如水样含余氯,应在脱氯前后各检验一次。

由于检验人员嗅觉敏感性有差异,对同一水样稀释系列的检验结果会不一致。因此,一般选择 5 名以上嗅觉敏感的人员同时检验,取各检臭人员检验结果的几何平均值作为代表值。

检臭人员的嗅觉灵敏程度可用邻甲酚或正丁醇测试,嗅觉迟钝者不能入选。在检验前,必须避免外来气味的刺激。

一般用自来水通过颗粒活性炭制取无臭水。自来水中的余氯可用硫代硫酸钠溶液滴定脱除,也可用蒸馏水制取无臭水,但市售蒸馏水和去离子水不能直接作无臭水。

四、残渣

残渣分为总残渣、总可滤残渣和总不可滤残渣三种。它们是表征水中溶解性物质、不溶性物质含量的指标。

(一)总残渣

总残渣是水和废水在一定的温度下蒸发、烘干后剩余的物质,包括总可滤残渣和总不可滤残渣。总残渣量的测定方法是取适量(如 50 mL)振荡均匀的水样放在称至恒重的蒸发皿中,在蒸汽浴或水浴上蒸干,移入 103 ~ 105 ℃烘箱内烘至恒重,增加的质量即为总残渣量。计算公式如下:

$$总残渣量(mg/L) = (A - B) \times 1\ 000 \times 1\ 000/V$$

式中 A——总残渣和蒸发皿质量,g;

      B——蒸发皿质量,g;

      V——水样体积,mL。

(二)总可滤残渣

总可滤残渣量是指将过滤后的水样放在称至恒重的蒸发皿内蒸干,再在一定温度下烘至恒重所增加的质量。一般测定 103 ~ 105 ℃时烘干的总可滤残渣量,但有时要求测定(180 ± 2)℃烘干的总可滤残渣量。水样在此温度下烘干,可将吸着水全部赶尽,所得结果与化学分析结果所计算的总矿物质含量较接近。计算方法同总残渣量。

(三)总不可滤残渣

水样经过滤后留在过滤器上的固体物质,于 103 ~ 105 ℃烘至恒重得到的物质量称为总不可滤残渣量。它包括不溶于水的泥沙、各种污染物、微生物及难溶无机物等。常用的滤器有滤纸、滤膜、石棉坩埚。由于它们的滤孔大小不一致,故报告结果时应注明。石棉

坩埚通常用于过滤含酸或碱浓度高的水样。

地表水中存在悬浮物,使水体混浊,透明度降低,影响水生生物呼吸和代谢;工业废水和生活污水含大量无机、有机悬浮物,易堵塞管道、污染环境,因此残渣为必测指标。

五、电导率

水的电导率与其所含无机酸、碱、盐的量有一定关系。当它们的浓度较低时,电导率随浓度的增大而增加。因此,该指标常用于推测水中离子的总浓度或含盐量。不同类型的水有不同的电导率。新鲜蒸馏水的电导率为 $0.5 \sim 2\ \mu S/cm$,但放置一段时间后,因吸收了 CO_2,增加到 $2 \sim 4\ \mu S/cm$;超纯水的电导率小于 $0.10\ \mu S/cm$,天然水的电导率多在 $50 \sim 500\ \mu S/cm$,矿化水可达 $500 \sim 1\ 000\ \mu S/cm$,含酸、碱、盐的工业废水的电导率往往超过 $10\ 000\ \mu S/cm$,海水的电导率约为 $30\ 000\ \mu S/cm$。

(一)基本概念

电导(L)是电阻(R)的倒数。在一定条件(温度、压力等)下,导体的电阻除取决于物质的本性外,还与其截面积和长度有关。对截面积为 A、长度为 l 的均匀导体,电阻(R)为:

$$R = \rho\ \frac{l}{A}$$

式中 ρ——电阻率,是长为 $1\ cm$、截面积为 $1\ cm^2$ 导体的电阻,其大小取决于物质的本性。

根据上式,导体的电导(L)可表示成下式:

$$L = \frac{1}{\rho}\ \frac{A}{l} = K\ \frac{1}{Q}$$

式中 K——电导率或比电导,$K = \dfrac{1}{\rho}$;

Q——电极常数或电导池常数,$Q = \dfrac{l}{A}$。

对电解质溶液来说,电导率是指相距 $1\ cm$ 的两平行电极间充以 $1\ cm$ 溶液所具有的电导。由上式可见,当已知电极常数(Q),并测出溶液电阻(R)时,即可求出电导率(K)。

电极常数常选用已知电导率的标准氯化钾溶液测定。

溶液的电导率与其温度、电极上的极化现象、电极分布、电容等因素有关,仪器上一般都采用了补偿或消除措施。

(二)电导仪

电导仪由电导池系统和测量仪器组成。电导池是盛放或发送被测溶液的容器。在电导池中,装有电导电极和感温元件等。实验室常用平板形电极,如 260 型电导电极,是将两片面积为 $5\ mm \times 10\ mm$ 的光滑铂片或镀铂黑的铂片熔贴在环形玻璃上而成的,极间距离为 $6\ mm$。光滑铂电极用于测定低电导的溶液,镀铂黑的铂电极用于测定电导较高的溶液。工业电导仪的电极多用不锈钢或石墨做成筒状或环状;对于强腐蚀性介质电导的测定,可使用非接触式电极。

根据测量电导的原理不同,电导仪可分为平衡电桥式电导仪、电阻分压式电导仪、电流测量式电导仪、电磁诱导式电导仪等。在此介绍前两种电导仪。

1. 平衡电桥式电导仪

平衡电桥式电导仪的原理见图 4-1。R_x（电导池）和 R_1、R_2、R_3 组成四个桥臂,当电桥调至平衡时,则下式成立:

$$R_x = R_1 \frac{R_3}{R_2}$$

式中　R_3、R_2——标准电阻,称为倍率电阻,其比值可为 0.1、1、10、100,以适应不同测量范围的要求;

　　　R_1——带刻度盘的标准可变电阻。

测量时,调节 R_1,使电桥输出端 AB 间电压减小至零(由平衡指示器得知),则电桥达到平衡,故从 R_1 的刻度盘上可以读出被测溶液的电阻(R_x)或电导(L_x)。

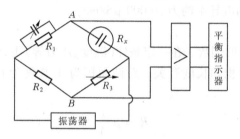

图 4-1　平衡电桥式电导仪原理

2. 电阻分压式电导仪

电阻分压式电导仪的原理见图 4-2。被测溶液电阻(R_x)与分压电阻(R_m)串联。接通外加电源后,构成闭合回路,则 R_m 上的分压(E_m)为:

$$E_m = \frac{R_m E}{R_x + R_m} = \frac{R_m E}{\dfrac{1}{L_x} + R_m}$$

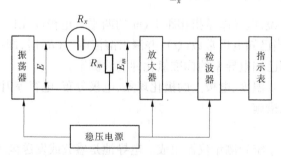

图 4-2　电阻分压式电导仪原理

由上式可知,因为输入电压(E)和分压电阻(R_m)均为定值,则被测溶液的电阻(R_x)或电导(L_x)的变化必将引起输出分压(E_x)的相应变化,所以通过测量 E_m 便可得知 R_x 或 L_x。在实际仪器中,可直接读出测量结果。

这种仪器适用于低浓度、高电阻溶液的测量。实验室广泛使用的 DDS – 11 型电导仪和 DDS – 11A 型电导率仪就是依据这种原理设计的。

(三)测定要点

(1)开启电导仪电源开关,预热几分钟。

(2)按照仪器使用说明测定电极常数,即在 25 ℃ 恒温水浴上测定 0.01 mol/L 标准氯化钾溶液的电阻(R_{KCl})或电导(L_{KCl}),根据式 $L = K\dfrac{1}{Q}$ 计算出电极常数 Q。因为 25 ℃ 时 0.01 mol/L 标准氯化钾溶液的 $K = 1\,413$ μS/cm,故 $Q = 1\,413\,R_{KCl}$。

(3)将水样注入已冲洗干净的电导池中,测其他电阻(R_x)或电导(L_x),并同时记录水温。水样的电导率(K_x^t)按下式计算:

$$K_x^t = \frac{Q}{R_x} = \frac{1\,413 R_{KCl}}{R_x}$$

如果用电导率仪测定,可直接读出电导率。当测定时水样温度不是 25 ℃ 时,应用下式换算成 25 ℃ 时的电导率:

$$K_x^{25} = \frac{K_x^t}{1 + \alpha(t - 25)}$$

式中　K_x^{25}——水样 25 ℃ 时的电导率,μS/cm;

　　　K_x^t——水样测定温度下的电导率,μS/cm;

　　　α——各种离子电导率的平均温度系数,取值为 0.22/℃;

　　　t——测定时的水样温度,℃。

水样采集后应尽快测定,如含有粗大悬浮物质、油脂干扰测定时,应过滤或萃取除去。

六、浊度

浊度是表现水中悬浮物对光线透过时所发生的阻碍程度。测定浊度的方法有分光光度法、目视比浊法、浊度计测定法等。

(一)分光光度法

1.方法原理

将一定量的硫酸肼[$(NH_2)_2SO_4 \cdot H_2SO_4$]与六次甲基四胺[$(CH_2)_6N_4$]聚合,生成白色高分子聚合物,以此作为浊度标准溶液,在一定条件下与水样浊度比较。该方法适用于天然水、饮用水浊度的测定。

2.测定要点

(1)将蒸馏水用 0.2 μm 的滤膜过滤,以此作为无浊度水。

(2)用硫酸肼和六次甲基四胺及无浊度水配制浊度标准贮备液、浊度标准溶液和系列浊度标准溶液。

(3)在 680 nm 波长处测定系列浊度标准溶液的吸光度,绘制吸光度—浊度标准曲线。

(4)取适量水样定容,按照测定系列浊度标准溶液的方法测水样的吸光度,并在吸光度—浊度标准曲线上查出相应浊度,按下式计算水样的浊度:

$$浊度 = \frac{AV}{V_0}$$

式中　A——经稀释的水样浊度,度;

V——水样经稀释后的体积,mL;

V_0——原水样体积,mL。

(二)目视比浊法

1. 方法原理

将水样与用硅藻土(或白陶土)配制的标准浊度溶液进行比较,以确定水样的浊度。规定 1 L 蒸馏水中含 1 mg 一定粒度的硅藻土(或白陶土)所产生的浊度为一个浊度单位,简称度。

2. 测定要点

(1)配制浊度标准贮备液和系列浊度标准溶液(视水样浊度高低确定浊度范围)。

(2)取与浊度标准溶液等体积的摇匀水样或稀释水样,对照系列浊度标准溶液观察比较,选出与水样产生视觉效果相近的标准溶液,即为水样的浊度。如用稀释水样,则按分光光度法中的计算式计算水样的浊度。

(三)浊度计测定法

浊度计是依据混浊液对光进行散射或透射的原理制成的测定水体浊度的专用仪器,一般用于水体浊度的连续自动测定。

七、透明度

透明度是指水样的澄清程度,洁净的水是透明的。透明度与浊度相反,水中悬浮物和胶体颗粒物越多,其透明度就越低。测定透明度的方法有铅字法、塞氏盘法、十字法等。

(一)铅字法

铅字法为检验人员从透明度计的筒口垂直向下观察,刚好能清楚地辨认出其底部的标准铅字印刷符号时的水柱高度(cm)为该水的透明度。超过 30 cm 时为透明水。透明度计是一种长为 33 cm、内径为 2.5 cm 的具有刻度的玻璃筒,筒底有一磨光玻璃片。

铅字法由于受检验人员的主观影响较大,在保证照明等条件尽可能一致的情况下,应取多次或数人测定结果的平均值。该法适用于天然水或处理后的水的透明度测定。

(二)塞氏盘法

塞氏盘法是一种现场测定透明度的方法。塞氏盘为直径 200 mm、黑白各半的圆盘,将其沉入水中,以刚好看不到它时的水深(cm)表示透明度。

(三)十字法

在内径为 30 mm、长为 0.5 或 1.0 m 的具有刻度的玻璃筒的底部放一白瓷片,片中部有宽度为 1 mm 的黑色十字和四个直径为 1 mm 的黑点。将混匀的水样倒入筒内,从筒下部徐徐放水,直至明显地看到十字,而看不到四个黑点为止,以此时的水柱高度(cm)表示透明度。当高度达 1 m 以上时即算透明。

八、矿化度

矿化度是水化学成分测定的重要指标,用于评价水中的总含盐量,是农田灌溉用水适用性评价的主要指标之一。该指标一般只用于天然水。对无污染的水样,测得的矿化度值与该水样在 103 ~ 105 ℃时烘干的总可滤残渣量相近。

　　矿化度的测定方法有重量法、电导法、阴阳离子加和法、离子交换法、比重计法等。重量法含意明确,是较简单通用的方法。

　　重量法测定矿化度的原理是取适量经过滤除去悬浮物及沉降物的水样于已称至恒重的蒸发皿中,在水浴上蒸干,加过氧化氢除去有机物并蒸干,移至 105～110 ℃烘箱中烘干至恒重,计算出矿化度(mg/L)。

九、氧化还原电位

　　对一个水体来说,往往存在多种氧化还原电对,构成复杂的氧化还原体系,而其氧化还原电位是多种氧化物质与还原物质发生氧化还原反应的综合结果。这一指标虽然不能作为某种氧化物质与还原物质浓度的指标,但能帮助我们了解水体的电化学特征,分析水体的性质,是一项综合性指标。

　　水体的氧化还原电位必须在现场测定。它的测定方法是以铂电极作指示电极,饱和甘汞电极作参比电极,与水样组成原电池,用晶体管毫伏计或通用 pH 计测定铂电极相对于甘汞电极的氧化还原电位,然后再换算成相对于标准氢电极的氧化还原电位作为报告结果。计算式如下:

$$E_n = E_{ind} + E_{ref}$$

式中　　E_n——水样的氧化还原电位,mV;

　　　　E_{ind}——测得的氧化还原电位,mV;

　　　　E_{ref}——测定温度下的饱和甘汞电极的电极电位,mV,可从物理化学手册或有关资料中查得。

氧化还原电位的测定装置示意图见图 4-3。

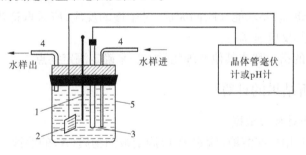

1—温度计;2—铂电极;3—饱和甘汞电池;4—玻璃管;5—广口瓶

图 4-3　氧化还原电位测定装置示意图

第五章　滴定分析法

第一节　滴定分析概述

滴定分析法是水质分析中最重要的基本方法之一。滴定分析法是将一种已知准确浓度的标准溶液作为滴定剂,滴加到被测物质的溶液中,直到所加的标准溶液与被测物质按化学计量定量反应为止,然后根据标准溶液的浓度和用量计算出被测组分的含量。这种方法称为滴定分析法。滴定就是用滴定管将标准溶液滴加到被测物质溶液中去的过程。当加入的标准溶液与被测物质定量反应完全时,反应即达到了化学计量点。化学计量点常借助于指示剂颜色的突变来确定。在滴定过程中,指示剂颜色变化的转变点,称为滴定终点。由于指示剂不一定恰好在计量点时变色,所以滴定终点和化学计量点不一定恰好符合,它们之间存在很小的差别,由此而造成的分析误差称为滴定误差,也叫终点误差。为了减少终点误差,必须选择适当的指示剂,使滴定终点尽可能地接近化学计量点。

一、滴定分析法对化学反应的要求

(1)反应必须定量完成,即按一定的反应方程式进行完全(通常要求达到99.9%左右);

(2)反应必须迅速,要求能在瞬间完成,对于慢的反应,应采取适当措施(如加热、加催化剂等)以提高其反应速率;

(3)要有适当的指示剂或其他物理化学方法来确定滴定终点。

二、滴定分析结果的计算

(一)滴定分析计算的根据

在滴定分析中,用标准溶液(滴定剂 T)滴定被测物质(A)的溶液时,反应物之间是按化学计量关系相互作用的。对于任一滴定反应,如:

$$t\,T\quad+\quad a\,A\quad=\quad D$$
$$\text{(滴定剂)}\quad\text{(被测物质)}\quad\text{(生成物)}$$

当滴定至化学计量点时,t mol T 恰好与 a mol A 完全作用。也就是说,对于一个定量进行的化学反应,化学反应式中各物质的系数比就是反应中各物质相互作用的物质的量之比,即

$$n_T : n_A = t : a$$

$$n_A = n_T \times \frac{a}{t} \tag{5-1}$$

设被滴定物质溶液的浓度为 c_A、体积为 V_A,在化学计量点时用去浓度为 c_T、体积为 V_T

的滴定剂,根据物质的量浓度 $c = \dfrac{n}{V}$ 可知:

$$n_T = c_T \cdot V_T ; n_A = c_A \cdot V_A$$

将其代入式(5-1),得

$$c_A \cdot V_A = c_T \cdot V_T \times \frac{a}{t} \tag{5-2}$$

若已知 c_T、V_T、V_A,即可求出 c_A:

$$c_A = c_T \times \frac{V_T}{V_A} \times \frac{a}{t} \tag{5-3}$$

如果被滴定物质 A 的摩尔质量为 M_A,则可求出 A 的质量 m_A。

根据摩尔质量的定义可知:

$$M_A = \frac{m_A}{n_A}$$

则

$$m_A = n_A \cdot M_A$$

代入式(5-1)中,得

$$m_A = n_T \times \frac{a}{t} \times M_A$$

$$= c_T \times V_T \times \frac{a}{t} \times M_A \tag{5-4}$$

当体积(V)的单位采用升(L),摩尔质量(M)的单位采用克/摩尔(g/mol)时,物质的质量(m)的单位是克(g)。通常在滴定时体积是以毫升为单位来计量的,所以在代入公式进行运算时要将毫升换算为升,因此应乘以因数 10^{-3},此时式(5-4)可写为:

$$m_A = c_T \times \frac{V_T}{1\,000} \times \frac{a}{t} \times M_A \tag{5-5}$$

如果式(5-5)中 $\dfrac{a}{t} = 1$,则该式可写为:

$$m_A = c_T \times \frac{V_T}{1\,000} \times M_A \tag{5-6}$$

式(5-1)和式(5-5)是滴定分析计算中最基本的运算公式。

(二)滴定分析计算实例

1. $c_A \cdot V_A = c_T \cdot V_T \times \dfrac{a}{t}$ 公式的应用

【例 5-1】　滴定 25.00 mL NaOH 溶液至化学计量点时,用去 0.200 0 mol/L HCl 标准溶液 20.00 mL,求 NaOH 溶液的浓度。

解　当 NaOH 与 HCl 反应达到化学计量点时,NaOH 物质的量与 HCl 物质的量相等。

$$c_{NaOH} = \frac{c_{HCl} \times V_{HCl}}{V_{NaOH}} = \frac{0.200\,0 \times 20.00 \times 10^{-3}}{25.00 \times 10^{-3}}$$

$$= 0.160\,0 (mol/L)$$

【例5-2】　在酸性介质中高锰酸钾与过氧化氢按下式反应：

$$2MnO_4^- + 5H_2O_2 + 6H^+ = 2Mn^{2+} + 5O_2 + 8H_2O$$

试计算 50.00 mL、0.200 0 mol/L H_2O_2 能与多少毫升 0.100 0 mol/L $KMnO_4$ 溶液完全作用？

解　根据反应式可知：

$$c_{MnO_4^-} \times V_{MnO_4^-} = \frac{2}{5} \times (c_{H_2O_2} \times V_{H_2O_2})$$

所以

$$V_{MnO_4^-} = \frac{\dfrac{2}{5} \times (50.00 \times 0.200\ 0)}{0.100\ 0} = 40.00(mL)$$

2. $m_A = c_T \times \dfrac{V_T}{1\ 000} \times M_A$ 公式的应用

【例5-3】　称取 0.512 5 g 邻苯二甲酸氢钾（KHP，$M_{KHP} = 204.22$ g/mol）基准物质，标定 NaOH 溶液时，用去 NaOH 溶液 25.00 mL，求 NaOH 溶液的浓度。

解　已知 $m_{KHP} = 0.512\ 5$ g，$V_{NaOH} = 25.00$ mL，$M_{kHP} = 204.22$ g/mol，设 NaOH 的浓度为 c_{NaOH}。

根据式(5-6)

得

$$c_{NaOH} \times V_{NaOH} \times \frac{1}{1\ 000} = \frac{m_{KHP}}{M_{KHP}}$$

$$c_{NaOH} = \frac{0.512\ 5 \times 1\ 000}{204.22 \times 25.00} \approx 0.100\ 4(mol/L)$$

【例5-4】　称取 0.880 6 g 邻苯二甲酸氢钾（KHP，$M_{KHP} = 204.22$ g/mol）试样，溶于适量水后，用 0.205 0 mol/L NaOH 标准溶液滴定，用去 NaOH 溶液 20.10 mL，求该试样中所含 KHP 的质量为多少？

解　已知 $c_{NaOH} = 0.205\ 0$ mol/L，$V_{NaOH} = 20.10$ mL，$M_{KHP} = 204.22$ g/mol，设 m_{KHP} 为试样中所含 KHP 的质量。

根据式(5-6)

得

$$m_{KHP} = c_{NaOH} \times \frac{V_{NaOH}}{1000} \times M_{KHP}$$

$$m_{KHP} = 0.205\ 0 \times \frac{20.10}{1\ 000} \times 204.22 = 0.841\ 5(g)$$

即在 0.880 6 g 试样中含 KHP 的质量为 0.841 5 g。

3. 被测物质质量分数的计算

设 G 为样品的质量(g)，m_A 为样品中所含被测组分 A 的质量(g)，被测组分的百分含量为 A%。

则

$$A\% = \frac{m_A}{G} \times 100\%$$

因为

$$m_A = c_T \times \frac{V_T}{1\ 000} \times \frac{a}{t} \times M_A$$

所以
$$A\% = \frac{c_T \times \frac{V_T}{1\,000} \times \frac{a}{t} \times M_A}{G} \times 100\% \tag{5-7}$$

【例5-5】　称取 Na_2CO_3（$M_{Na_2CO_3} = 105.99$ g/mol）样品 0.490 9 g 溶于水后,用 0.505 0 mol/L HCl 标准溶液滴定,终点时消耗 HCl 溶液 18.32 mL,求样品中 Na_2CO_3 的百分含量。

解　用 HCl 滴定 Na_2CO_3 的反应为:

$$2HCl + Na_2CO_3 = 2NaCl + H_2O + CO_2 \uparrow$$

根据式(5-7)

得
$$Na_2CO_3\% = \frac{c_{HCl} \times \frac{V_{HCl}}{1\,000} \times \frac{a}{t} \times M_{Na_2CO_3}}{G} \times 100\%$$

$$Na_2CO_3\% = \frac{0.505\,0 \times \frac{18.32}{1\,000} \times \frac{1}{2} \times 105.99}{0.490\,9} \times 100\% = 99.88\%$$

滴定分析法适用于被测组分含量在 1% 以上各种物质的测定。它具有快速、简便、仪器设备简单、分析结果有足够的准确度等优点。在生产实践和科学研究中都有很高的实用价值。水质分析中许多检测项目大都是用滴定分析法进行测定的。

第二节　标准溶液的配制和标定

滴定分析中必须使用标准溶液,测定结果就是根据标准溶液的浓度及消耗的体积来计算的。因此,正确地配制标准溶液和准确地标定其浓度,是直接关系到分析结果是否准确、可靠的主要因素。

一、标准溶液配制的方法

(一)直接配制法

准确称取一定质量的物质,溶于适量水后,转入容量瓶中,用水稀释到一定体积,然后根据所称取的物质的质量和稀释后的体积,计算出该标准溶液的浓度。用直接法配制标准溶液的物质必须具备下述条件:

(1)物质的纯度要高(一般要求纯度在 99.9% 以上)。杂质含量应少到可以忽略不计(一般为 0.01% ~ 0.02%)。

(2)物质的组成应与化学式相符合,含有结晶水的物质,如硼砂($Na_2B_4O_7 \cdot 10H_2O$),其结晶水的含量也应与化学式相符。

(3)化学性质稳定。例如,加热干燥时不会分解,不被空气所氧化,称量时不易吸潮,不易吸收空气中的 CO_2 等。

(4)物质最好具有较大的摩尔质量,称量误差就可相应地减小。

凡符合上述条件的物质称为基准物质或基准试剂。只有基准物质才可以用直接法配制。不符合上述条件的化学试剂要用间接法配制标准溶液。

（二）间接配制法

间接配制法又称标定法，即根据计算粗略地称取所需量的物质，或量取一定量体积的溶液，配制成接近所需浓度的溶液，然后用基准物质来测定其准确浓度。这种测定标准溶液浓度的过程称为标定。

二、标准溶液浓度的标定

标定标准溶液浓度的方法有以下两种。

（一）用基准物质标定

根据计算，在分析天平上准确称取所需量的基准物质，溶解后用待标定的溶液滴定，然后根据基准物质的质量以及消耗的待标定溶液的体积，即可算出该溶液的准确浓度。例如，欲配制 0.1 mol/L 的 HCl 标准溶液，可先量取一定体积的浓盐酸，稀释成浓度大约为 0.1 mol/L 的稀溶液。再准确称取一定量的基准物质（如硼砂），完全溶于水后，用待标定的 HCl 溶液滴至终点。计算出 HCl 的准确浓度，即为 HCl 标准溶液。

（二）用标准溶液标定

准确吸取一定量的待标定溶液，用已知准确浓度的另一标准溶液滴定；或者准确吸取一定量的标准溶液，用待标定的溶液滴定。根据两种溶液所消耗的体积（mL）及标准溶液的浓度，即可算出待标定溶液的准确浓度。

为了提高标定的准确度，不论采用哪种方法标定，都必须注意以下几点要求：

（1）标定时要求做 2~3 次平行滴定，其相对偏差要求不大于 2%；

（2）称取基准物质的量不应少于 0.200 0 g，这样才能使称量的相对误差不大于 1%；

（3）滴定时使用标准溶液的体积（mL）不应太少，须控制在 20~24 mL 范围内，这样才能使滴定管读数的误差不大于 0.1%；

（4）配制和标定溶液时使用的量器（如滴定管、移液管和容量瓶等）必要时须进行校正。

三、滴定度

在水质分析工作中，常用滴定度来表示标准溶液的浓度。滴定度是指 1 mL 标准溶液相当于被测物质的质量（单位为 g 或 mg），以符号 T 表示。例如，用 $KMnO_4$ 标准溶液测定铁含量时，标准溶液相当于被测物质的质量可用 $T_{Fe/KMnO_4}$ 表示。若 1 mL $KMnO_4$ 标准溶液恰能把 0.568 2 mg Fe^{2+} 氧化成 Fe^{3+}，则此 $KMnO_4$ 溶液的滴定度为 $T_{Fe/KMnO_4} = 0.568\ 2$ mg/mL，即 1 mL $KMnO_4$ 标准溶液相当于 0.568 2 mg 的铁。这样表示的优点是：只要把滴定中所用的标准溶液的体积乘以滴定度，就可直接算出被测物质的含量。这对于在生产实际中，需要对大批试样测定其中同一组分的含量时特别方便。如上例中，如果已知滴定时消耗 $KMnO_4$ 标准溶液的体积为 12.00 mL，则铁的质量 m_{Fe} 为：

$$m_{Fe} = T_{Fe/KMnO_4} V = 0.568\ 2 \times 12.00$$
$$= 6.818\ 4 (\text{mg})$$

浓度 c 与滴定度之间存在如下关系：

$$c = 10^3 \frac{T}{M} \tag{5-8}$$

由式(5-8)可知:已知 c,可求 T;反之,已知 T,就可求 c。

第三节　滴定分析的分类

根据反应的类型不同,滴定分析法一般可分为四类:酸碱滴定法、沉淀滴定法、络合滴定法、氧化还原滴定法。

一、酸碱滴定法(又称中和法)

(一)酸碱滴定法的特点

酸碱滴定法是以质子传递反应为基础的滴定分析方法,一般的酸、碱,以及能与酸、碱直接或间接发生质子传递反应的物质,几乎都可以采用酸碱滴定法进行测定。其反应实质可表示如下:

$$H^+ + OH^- \rightarrow H_2O$$

酸碱滴定法可以用酸作标准溶液,测定碱及碱性物质;也可以用碱作标准溶液,测定酸及酸性物质。

酸碱滴定法的关键问题是确定反应的化学计量点。由于酸碱反应到达化学计量点时,一般不发生任何外观的变化,因此必须加入一种在化学计量点附近发生颜色变化的物质,以确定反应的化学计量点,这种物质就是酸碱指示剂。

(二)酸碱指示剂的变色原理

常用的酸碱指示剂,一般是有机弱酸(用 HIn 表示)或有机弱碱(用 InOH 表示)。当溶液 pH 改变时,指示剂失去质子由酸变成其共轭碱;或者得到质子由碱变成其共轭酸。这时指示剂在结构上发生了变化,从而引起颜色的变化。

例如,酚酞指示剂是二元有机弱酸,它在溶液中的离解平衡表示如下:

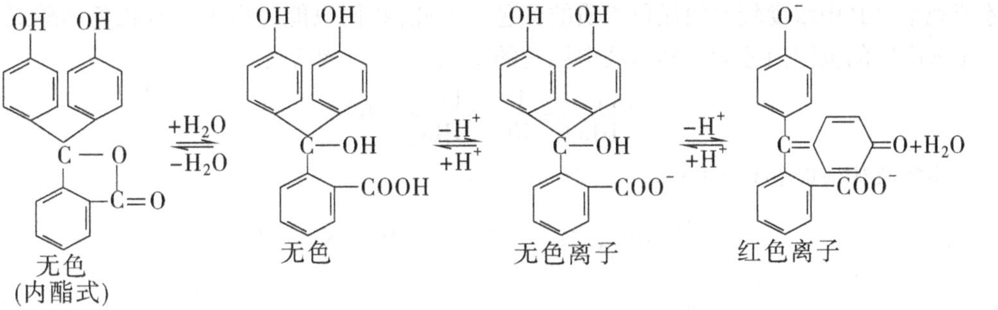

酚酞以哪种形式存在,主要取决于溶液的 pH。当溶液的 pH 增加时,平衡向右移动,红色离子增加,所以酚酞在碱性溶液中呈红色;当溶液 pH 降低时,平衡向左移动,红色离子减少,无色离子增加。所以酚酞在酸性溶液中为无色。

甲基橙是一种有机弱碱,在溶液中存在如下平衡:

$$(CH_3)_2N^+ \!=\!\!\!\!\!\langle\;\rangle\!\!=\!\! N \!-\! \underset{H}{N} \!-\! \langle\;\rangle \!-\! SO_3^- \quad \underset{H^+}{\overset{OH^-}{\rightleftharpoons}} \quad (CH_3)_2N \!-\! \langle\;\rangle \!-\! N\!=\!N \!-\! \langle\;\rangle \!-\! SO_3^-$$

$$\text{红色离子} \qquad\qquad\qquad\qquad\qquad\qquad \text{黄色离子}$$

由此可以看出:增大溶液的酸度(pH 降低),甲基橙主要以红色离子形式存在,溶液显红色;降低溶液的酸度(pH 增加),则主要以黄色离子形式存在,溶液显黄色。

综上所述,指示剂颜色的变化是由于溶液 pH 的变化,引起指示剂分子结构改变而显示出不同的颜色。但是并不是溶液的 pH 稍有变化或任意变化都能引起指示剂颜色的变化,而是要在一定的 pH 范围内才能发生颜色的变化。

(三)指示剂变色的 pH 范围

现以弱酸型指示剂(HIn)为例来说明指示剂颜色的变化与溶液中 pH 之间的定量关系。HIn 在溶液中达到离解平衡时,可表示如下:

$$HIn \rightleftharpoons H^+ + In^-$$

$$\frac{[H^+][In^-]}{[HIn]} = K_{HIn}$$

$$\frac{[In^-]}{[HIn]} = \frac{K_{HIn}}{[H^+]}$$

K_{HIn} 在一定温度下是一个常数,称为指示剂常数。$[In^-]$ 和 $[HIn]$ 分别为指示剂碱式色和酸式色的浓度。在溶液中指示剂的颜色就是由 $\frac{[In^-]}{[HIn]}$ 的比值来决定的。由于在一定温度下 K_{HIn} 为一常数,故 $\frac{[In^-]}{[HIn]}$ 的比值完全取决于溶液中 H^+ 的浓度。也就是说,在一定的 pH 条件下,溶液呈现出一定的颜色。当 pH 改变时,$\frac{[In^-]}{[HIn]}$ 的比值随之改变,溶液的颜色也相应地逐渐发生改变。但是人眼对颜色的分辨能力不够灵敏,一般来说,当两种颜色混合存在时,人眼只有当一种显色物质的浓度大于另一种显色物质的浓度 10 倍以上时,才能观察出其中浓度较大的显色物质的颜色。因此,我们只能在指示剂碱式色和酸式色一定浓度比的范围内才能看到溶液中颜色的变化,这一范围就是:

$$\frac{[In^-]}{[HIn]} = \frac{1}{10} \sim \frac{[In^-]}{[HIn]} = 10$$

用溶液相应的 pH 表示:

$$\frac{K_{HIn}}{[H^+]} = \frac{1}{10}, [H^+] = 10K_{HIn}, pH = pK_{HIn} - 1$$

$$\frac{K_{HIn}}{[H^+]} = 10, [H^+] = \frac{1}{10}K_{HIn}, pH = pK_{HIn} + 1$$

即 pH 在 $pK_{HIn} + 1$ 以上时,溶液呈现指示剂的碱式色;pH 在 $pK_{HIn} - 1$ 以下时,溶液呈现指示剂的酸式色。因此,只有 pH 在 $pK_{HIn} + 1 \sim pK_{HIn} - 1$ 时,我们才能看到指示剂的颜色变化情况,即 $pH = pK_{HIn} \pm 1$ 就是指示剂变色的 pH 范围。

当溶液 $pH = pK_{HIn}$ 时,$[In^-] = [HIn]$,表示溶液中碱式色和酸式色各占 50%,此时溶液呈现 In⁻ 与 HIn 的混合色。溶液 $pH = pK_{HIn}$ 时称为指示剂的理论变色点。例如,甲基橙的理论变色点为 3.4,酚酞的理论变色点为 9.1。各种酸碱指示剂的 pK_{HIn} 不同,变色范围也不同。

　　按上述理论推断,指示剂的变色范围应是两个 pH 单位,即在理论变色点上下各一个单位。但实际测得各种指示剂的变色范围一般小于两个 pH 单位,而且也不恰好在 pK_{HIn} ±1 的范围内,而是略有出入,这是人眼对各种颜色的敏感度不同所致。表 5-1 列出了一些常用的酸碱指示剂及其变色范围。例如,甲基橙的 $pK_{HIn} = 3.4$,理论变色范围应为 2.4 ~ 4.4,而实测变色范围为 3.1 ~ 4.4;酚酞的 $pK_{HIn} = 9.1$,理论变色范围应为 8.1 ~ 10.1,而实测值为 8.0 ~ 9.6。在实际应用中要求指示剂的变色范围越窄越好,只有这样才能在化学计量点时,pH 稍有改变,指示剂就可以立即从一种颜色转变成另一种颜色,有利于提高测定结果的准确度。

表 5-1　常用的酸碱指示剂及其变色范围

指示剂	变色范围 pH	颜色		pK_{HIn}	浓度	用量 (滴/10 mL 试液)
		酸色	碱色			
百里酚蓝	1.2 ~ 2.8	红	黄	1.7	0.1% 的 20% 乙醇溶液	1 ~ 2
甲基黄	2.9 ~ 4.0	红	黄	3.3	0.1% 的 90% 乙醇溶液	1
甲基橙	3.1 ~ 4.4	红	黄	3.4	0.05% 水溶液	1
溴酚蓝	3.1 ~ 4.6	黄	紫	4.1	0.1% 的 20% 乙醇溶液	1
甲基红	4.4 ~ 6.2	红	黄	5.0	0.1% 的 60% 乙醇溶液	1
溴百里酚蓝	6.2 ~ 7.6	黄	蓝	7.3	0.1% 的 20% 乙醇溶液	1
中性红	6.8 ~ 8.0	红	橙黄	7.4	0.1% 的 60% 乙醇溶液	1
酚酞	8.0 ~ 9.6	无	红	9.1	0.1% 的 90% 乙醇溶液	1 ~ 3
百里酚酞	9.4 ~ 10.6	无	蓝	10.0	0.1% 的 90% 乙醇溶液	1 ~ 2

(四)酸碱滴定曲线及指示剂的选择

　　由于各种指示剂变色范围的 pH 各不相同,因此必须了解酸碱滴定过程中 pH 的变化规律,才能选择适宜的指示剂,从而准确地指示滴定终点。各种类型的酸碱滴定,在滴定过程中,pH 的变化规律各不相同,我们可以根据酸碱平衡原理通过具体计算,或用 pH 计测定滴定过程中 pH 的变化,绘制出滴定曲线来反映其变化规律,这种曲线称为酸碱滴定曲线。下面讨论常用的几种酸碱滴定曲线以及酸碱指示剂的选择。

　　1. 强碱滴定强酸

　　现以 0.100 0 mol/L NaOH 溶液滴定 20.00 mL 0.100 0 mol/L HCl 溶液为例进行讨论。整个滴定过程中溶液的 pH 变化规律如下。

　　(1)滴定前,溶液的 pH 取决于 HCl 溶液的起始浓度,即

$$[H^+] = 0.100\ 0\ mol/L$$

$$pH = 1.00$$

（2）滴定开始至化学计量点前，溶液的 pH 取决于剩余 HCl 溶液的体积，即

$$[H^+] = \frac{\text{剩余 HCl 溶液的体积}}{\text{溶液总体积}} \times c_{HCl}$$

例如，当滴入 19.98 mL NaOH 时，

$$[H^+] = \frac{20.00 - 19.98}{20.00 + 19.98} \times 0.100\ 0 = 5.00 \times 10^{-5}(mol/L)$$

$$pH = 4.30$$

（3）滴定至化学计量点时，滴加的 20.00 mL NaOH 与 HCl 溶液以等物质的量相化合，H^+ 来自水的电离，即

$$[H^+] = [OH^-] = 10^{-7}\ mol/L$$

$$pH = 7.00$$

（4）滴定至化学计量点后，溶液的 pH 取决于过量 NaOH 溶液的体积，即

$$[OH^-] = \frac{\text{过量 NaOH 溶液的体积}}{\text{溶液总体积}} \times c_{NaOH}$$

例如，当滴入 20.02 mL NaOH 溶液时，

$$[OH^-] = \frac{20.02 - 20.00}{20.02 + 20.00} \times 0.100\ 0 = 5.00 \times 10^{-5}(mol/L)$$

$$pOH = 4.30$$

$$pH = 14.00 - pOH = 9.70$$

其他各点可参照上述方法逐一计算或用 pH 计测定。计算结果列于表 5-2 中。

表 5-2　0.100 0 mol/L NaOH 溶液滴定 20.00 mL 0.100 0 mol/L HCl 溶液

加入 NaOH 溶液体积 （mL）	剩余 HCl 溶液体积 （mL）	过量 NaOH 溶液体积 （mL）	pH
0	20.00		1.00
18.00	2.00		2.28
19.80	0.20		3.30
19.98	0.02		4.30
20.00	0		7.00
20.02		0.02	9.70
20.20		0.20	10.70
22.00		2.00	11.70
40.00		20.00	12.50

（突跃范围对应 19.98～20.02 区间的 4.30、7.00、9.70）

以 NaOH 的加入量为横坐标，以 pH 的变化为纵坐标，绘制关系曲线，即酸碱滴定曲线，如图 5-1 所示。

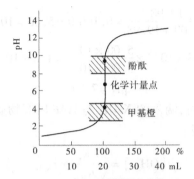

$$c_{NaOH} = 0.100\ 0\ mol/L; c_{HCl} = 0.100\ 0\ mol/L; V_{HCl} = 20.00\ mL$$

图 5-1　NaOH 溶液滴定 HCl 溶液的滴定曲线

从表 5-2 和图 5-1 可以看出,从滴定开始到加入 19.98 mL 溶液,即 99.9% 的 HCl 溶液被中和,溶液的 pH 只改变了 3.3 个单位;但在计量点附近加入少量 NaOH 溶液,就会使溶液的 pH 发生急剧变化。如 NaOH 加入量从 19.98 mL 到 20.02 mL,即在化学计量点前后,从剩余 0.02 mL HCl 到过量 0.02 mL NaOH 总共滴了 0.04 mL(约 1 滴)NaOH 溶液,而溶液的 pH 却从 4.30 陡增到 9.70,改变了 5.40 个 pH 单位。在滴定曲线上出现了一个 pH 的突跃范围,称为滴定突跃。指示剂的选择就是以滴定突跃为依据的,只要 pH 在突跃范围内变色的指示剂,都能正确指示滴定终点的到达。如以上滴定,凡是在 pH 4.30 ~ 9.70 内变色的指示剂,都可作为该滴定的指示剂,如酚酞、甲基橙、甲基红等。

若用强酸滴定强碱,例用 0.100 0 mol/L HCl 溶液滴定 0.100 0 mol/L NaOH 溶液,所得曲线与图 5-1 的曲线相似,但 pH 变化方向相反(pH 由大到小)。滴定的突跃范围是 9.70 ~ 4.30,因此可选择酚酞或甲基橙作指示剂。

2. 强碱滴定弱酸

现以 0.100 0 mol/L NaOH 溶液滴定 20.00 mL 0.100 0 mol/L HAc 溶液为例进行讨论。滴定过程中发生下述中和反应:

$$HAc + OH^- \rightleftharpoons Ac^- + H_2O$$

溶液 pH 的变化计算如下。

(1)滴定前,溶液的 pH 可根据 HAc 的离解平衡来计算,即

$$[H^+] = \sqrt{K_{HAc} \times c_{HAc}} \qquad (K_{HAc} = 1.8 \times 10^{-5})$$

$$[H^+] = \sqrt{1.8 \times 10^{-5} \times 0.100\ 0} = 1.34 \times 10^{-3} (mol/L)$$

$$pH = 2.87$$

(2)滴定开始至化学计量点前,这时因未反应的 HAc 和生成物 Ac$^-$ 组成缓冲溶液,pH 可按下式计算:

$$[H^+] = K_{HAc} \times \frac{[HAc]}{[Ac^-]}$$

例如,当滴入的 NaOH 溶液为 19.98 mL,剩余的 HAc 为 0.02 mL 时,

$$[HAc] = \frac{0.02}{20.00 + 19.98} \times 0.100\ 0 = 5.00 \times 10^{-5} (mol/L)$$

$$[\mathrm{Ac}^-] = \frac{19.98}{20.00 + 19.98} \times 0.100\,0 = 5.00 \times 10^{-2}(\mathrm{mol/L})$$

$$[\mathrm{H}^+] = 1.8 \times 10^{-5} \times \frac{5.00 \times 10^{-5}}{5.00 \times 10^{-2}} = 1.8 \times 10^{-8}(\mathrm{mol/L})$$

$$\mathrm{pH} = 7.74$$

（3）滴定至化学计量点时，滴入的 NaOH 与 HAc 以等物质的量相化合生成 NaAc，溶液 pH 按 NaAc 水解进行计算：

$$[\mathrm{OH}^-] = \sqrt{\frac{K_\mathrm{w}}{K_\mathrm{HAc}} \times c_\mathrm{NaAc}}$$

$$[\mathrm{OH}^-] = \sqrt{\frac{10^{-14}}{1.8 \times 10^{-5}} \times 5.00 \times 10^{-2}} = 5.27 \times 10^{-6}(\mathrm{mol/L})$$

$$\mathrm{pOH} = 5.28$$

$$\mathrm{pH} = 14 - 5.28 = 8.72$$

由此可见，化学计量点的 pH 大于 7，溶液呈碱性。

（4）滴定至化学计量点后，由于过量的 NaOH 抑制了 NaAc 的水解，溶液中 $[\mathrm{OH}^-]$ 完全取决于过量的 NaOH 量，其计算方法与强碱滴定强酸中（4）相同。例如，滴入 20.02 mL NaOH 溶液时（NaOH 过量 0.02 mL），溶液的 pH 值可计算如下：

$$[\mathrm{OH}^-] = \frac{0.02}{20.00 + 20.02} \times 0.100\,0 = 5.0 \times 10^{-5}(\mathrm{mol/L})$$

$$\mathrm{pOH} = 4.30$$

$$\mathrm{pH} = 14 - 4.30 = 9.70$$

其他各点逐一计算或用 pH 计测定。将结果列于表 5-3 中，并绘制出滴定曲线，如图 5-2 所示。

表 5-3　用 0.100 0 mol/L NaOH 溶液滴定 20.00 mL 0.100 0 mol/L HAc 溶液

加入 NaOH 溶液体积（mL）	剩余 HAc 溶液体积（mL）	过量 NaOH 溶液体积（mL）	pH	
0	20.00		2.87	
18.00	2.00		5.70	
19.80	0.20		6.73	
19.98	0.02		7.74	突跃范围
20.00	0		8.72	
20.02		0.02	9.70	
20.20		0.20	10.70	
22.00		2.00	11.70	
40.00		20.00	12.50	

从图 5-2 和表 5-3 可以看出,滴定开始前溶液的 pH 比较高,这是由于 HAc 只有部分离解成 H^+ 和 Ac^-,溶液中[H^+]较低。滴定开始后,曲线的坡度比强碱滴定强酸时倾斜度要大,pH 升高较快。这是由于中和后生成的 Ac^- 产生了同离子效应,使 HAc 电离度降低,[H^+]迅速降低的结果。当继续加入 NaOH 溶液时,由于 NaAc 不断生成,在溶液中构成了 HAc – NaAc 缓冲体系,pH 增加缓慢,使这一段曲线较为平坦。当滴定至接近化学计量点时,剩余的 HAc 已很少,溶液的缓冲能力逐渐减弱,pH 又迅速升高,直到滴定至化学计量点时,由于[HAc]急剧减小而使溶液的 pH 发生突变。同时,由于溶液中产生了大量的 Ac^-,Ac^- 是 HAc 的共轭碱,在水溶液中水解产生相当数量的 OH^-,因而使化学计量点的 pH 不是 7,而是 8.72,化学计量点处于碱性范围内。计量点后,溶液 pH 的变化与强碱滴定强酸时相同。从图 5-2 和表 5-3 上还可看出,计量点附近有一个较短的 pH 突跃范围 (7.74～9.70),此突跃范围处于碱性范围内,故宜选用在碱性范围内变色的指示剂,如酚酞、百里酚蓝等。

若用强酸滴定弱碱,例如用 0.100 0 mol/L HCl 溶液滴定 0.100 0 mol/L $NH_3 \cdot H_2O$ 溶液,其滴定曲线如图 5-3 所示,与图 5-2 相似,但 pH 变化方向相反(pH 由大到小)。滴定的突跃范围是 6.3～4.3,在酸性范围内,故宜选用在酸性范围内变色的指示剂,如甲基橙等。

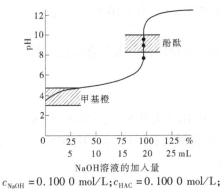

$c_{NaOH} = 0.100\ 0$ mol/L;$c_{HAC} = 0.100\ 0$ mol/L;

$V_{HAc} = 20.00$ mL

图 5-2　NaOH 溶液滴定 HAc 溶液的滴定曲线

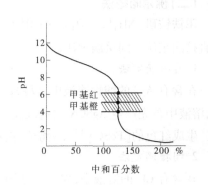

图 5-3　HCl 溶液滴定 $NH_3 \cdot H_2O$ 溶液的滴定曲线

二、沉淀滴定法

沉淀滴定法是以沉淀反应为基础的滴定分析法。由于条件限制,能用于沉淀滴定的反应并不多,同时由于吸附作用极难避免,滴定误差往往较大。目前主要应用的是生成难溶性银盐的反应。沉淀滴定法要求沉淀物组成恒定、溶解度小、不易形成过饱和溶液、不易产生共沉淀、达到平衡时间短且具有合适的指示剂。

沉淀滴定法是利用沉淀反应进行滴定的方法。例如:

$$Ag^+ + Cl^- \Longrightarrow AgCl\downarrow$$

19 世纪建立了测定 Ag^+ 和 Cl^-、Br^-、I^- 等卤素离子的沉淀滴定法——银量法。根据滴定方式不同,银量法可分为直接滴定法和间接滴定法。

(一)莫尔法

莫尔法用来测定水中 Cl^- 的含量。在含有 Cl^- 的中性或弱碱性溶液中，以铬酸钾（K_2CrO_4）作为指示剂，用 $AgNO_3$ 标准溶液滴定，反应如下：

$$Ag^+ + Cl^- \Longrightarrow AgCl\downarrow（白色）$$
$$2Ag^+ + CrO_4^{2-} \Longrightarrow Ag_2CrO_4\downarrow（砖红色）$$

莫尔法要求溶液的 pH 应该控制在 $6.5 \sim 10.5$。若在酸性介质中，CrO_4^{2-} 会以 $HCrO_4^-$ 形式存在或转化成 $Cr_2O_7^{2-}$，减少 CrO_4^{2-} 浓度，使指示终点的 Ag_2CrO_4 沉淀出现晚或不出现，导致严重测定误差。

莫尔法滴定的条件如下：

（1）溶液的酸度应控制在 pH = $6.5 \sim 10.5$，因为 $AgNO_3$ 易溶于酸。

（2）溶液中不能有过量的铵盐存在，因为可生成 $Ag(NH_3)^+$ 及 $Ag(NH_3)_2^+$，使分析结果准确度降低。

（3）溶液中不能含有与 Ag^+ 生成沉淀的其他阴离子，如 PO_4^{3-} 等；也不能有与 CrO_4^{2-} 生成沉淀的阳离子，如 Ba^{2+}、Pb^{2+} 等。

（4）充分摇动。由于先产生的 AgCl 沉淀，容易吸附溶液中的 Cl^-，使溶液中的 Cl^- 的浓度降低，而与之相平衡的 Ag^+ 浓度较高，致使未达到化学计量点时，Ag_2CrO_4 沉淀便过早产生，引入误差，故滴定时必须充分摇动，使被吸附的 Cl^- 释放出来。

(二)佛尔哈德法

用铁铵矾 $[NH_4Fe(SO_4)_2 \cdot 12H_2O]$ 做指示剂的银量法称为佛尔哈德法。本法又可分为直接滴定法和间接滴定法。

1. 直接滴定法

在含有 Ag^+ 的酸性溶液中，以铁铵矾作指示剂，用 NH₄SCN（或 KSCN）的标准溶液滴定，溶液中首先产生 AgSCN 白色沉淀，当 Ag^+ 定量沉淀后，过量一滴 NH₄SCN 溶液立即与 Fe^{3+} 生成红色的 $[FeSCN]^{2+}$ 络离子，指示滴定终点。

2. 间接滴定法

在含有 Cl^- 的溶液中，先加入已知量过量的 $AgNO_3$ 标准溶液，使之生成 AgCl 沉淀，再以铁铵矾作指示剂，用 NH₄SCN 标准溶液滴定过量的 Ag^+。

佛尔哈德法滴定的条件如下：

（1）佛尔哈德法测定 Cl^- 时，必须在稀硝酸溶液（$0.2 \sim 0.5$ mol/L）中进行；

（2）应预先排除强氧化剂及 Cu^{2+}、Hg^{2+} 等；

（3）用直接滴定法测定 Ag^+ 时，由于生成的 AgSCN 容易吸附 Ag^+，使终点过早出现，因此在滴定至终点时，必须充分摇动，使吸附的 Ag^+ 释出；

（4）用间接滴定法测定 Cl^- 时，为了避免 AgCl 沉淀转化，只能轻轻摇动。

三、络合滴定法

络合滴定始于 19 世纪 50 年代，Justus Liebig 曾用 Ag^+ 和 Hg^{2+} 作为滴定剂分别测定氰和氯，然而因络合物的形成而无法确定终点。1945 年 Schwarzenbach 改进了络合滴定，采用可以和金属离子形成 1:1 稳定络合物的氨羧络合物,其中应用最广泛的是乙二胺四乙酸(简称 EDTA)。EDTA 是一种白色无水的结晶粉末,具有酸味,不吸潮。由于 EDTA 在水中溶解度很小,在滴定分析中通常用乙二胺四乙酸二钠盐,一般称 EDTA 或 EDTA 二钠盐。

络合物是由中心体与一定数目的配体以配位键结合而成的化合物。络合滴定是以配位反应为基础的滴定法,因而又称为配位滴定法,其反应如下:

$$M^{2+} + Y^{4-} \rightleftharpoons MY^{2-}$$

式中,Y^{4-} 表示 EDTA 阴离子。

金属 – EDTA 配合物的 $K_{稳}$(平衡常数)值都比较大,因而所形成的配合物都比较稳定。但外界条件(如酸度、温度和其他配位剂)的变化都能影响配合物的稳定性。由于 EDTA 是一个四元酸,所以酸度的影响是其中最重要的因素。

金属离子被准确滴定的重要条件是有足够大的 $K_{稳}$(是考虑了酸效应的金属 – EDTA 配合物的稳定常数,称条件稳定常数),而 $K_{稳}$ 随溶液 pH 的大小而改变,pH 越大,$K_{稳}$ 就越大。但是在 EDTA 配位滴定中,若 pH 大,许多金属离子会发生水解产生氢氧化物沉淀或羧基配合物,不能与 EDTA 配合;若 pH 小,形成配合物稳定性降低,滴定突跃不明显。

某些金属离子能被 EDTA 滴定的最低 pH 如表 5-4 所示。

表 5-4　某些金属离子能被 EDTA 滴定的最低 pH

金属离子	最低 pH	金属离子	最低 pH
Mg^{2+}	9.7	Pb^{2+}	3.2
Ca^{2+}	7.6	Al^{3+}	4.2
Mn^{2+}	5.2	Cr^{3+}	1.4
Fe^{2+}	5.0	Fe^{3+}	1.0
Zn^{2+}	3.9	Hg^{2+}	1.9

配位滴定必须具备下述条件:

(1)形成的配合物(或配离子)必须很稳定,否则不易得到明显的滴定终点;

(2)在一定条件下,配位数必须固定,即只能形成一种配位数的配合物;

(3)在滴定过程中,若有多种配合物生成时,则各种配合物的稳定常数应有较大的差别。

四、氧化还原滴定法

氧化还原滴定法是以氧化还原反应为基础的滴定方法。由于氧化还原反应是基于电子转移的反应,多数不是基元反应,反应机制比较复杂,常伴有副反应,有许多反应的速度较慢。因此,许多氧化还原反应不符合滴定分析的基本要求,必须创造适宜条件,例如控制温度、pH 等,才能进行氧化还原滴定分析。

氧化还原滴定法往往根据滴定剂的种类的不同分为高锰酸钾法、重铬酸钾法、碘量法、溴酸钾法、亚硝酸钠法等。

(一)常用方法

1. 高锰酸钾法

高锰酸钾法的滴定方式有直接滴定法、反滴定法和间接滴定法。

高锰酸钾法的优点是氧化能力强,且可做自身氧化还原指示剂(MnO_4^- 呈红色)。但它的强氧化性又带来一些缺点:

(1)选择性较差,干扰较多。

(2)$KMnO_4$ 标准溶液不稳定,易与水中的有机物或空气中的尘埃、氨等还原性物质作用,还能自身分解。分解速度随溶液 pH 而改变,在中性溶液中分解慢。见光分解快。

2. 重铬酸钾法

重铬酸钾法是氧化还原滴定法中重要的方法,是测定铁和化学需氧量最经典的方法。常用的有回流法、密封法和分光光度法。

水样中如有 Cl^- 产生干扰,可加入 $HgSO_4$ 使 Hg^{2+} 与 Cl^- 生成可溶性络合物,以消除干扰。

3. 碘量法

碘量法是利用 I_2 的氧化性和 I^- 的还原性来进行滴定的方法,主要用于水中氧化物的测定,碘量法的滴定方式有直接碘量法和间接碘量法。

(二)对氧化还原滴定法的要求

(1)氧化还原反应能定量完成。

(2)反应速率与滴定速率相适应。

(三)氧化还原滴定终点的确定

1. 氧化还原指示剂

本身具有氧化还原性质的有机化合物,在氧化还原滴定中也发生氧化还原反应,且氧化态和还原态的颜色不同,以其颜色突变来指示滴定终点。

2. 自身指示剂

利用滴定剂或被滴定液本身的颜色变化来指示滴定终点。

3. 专属指示剂

专属指示剂本身并没有氧化还原性质,但能与滴定体系中的氧化态或还原态物质结合产生特殊颜色,从而指示滴定终点。

第六章　重量分析法

重量分析法通常以沉淀反应为基础,根据反应生成物的质量来测定物质含量。在试样溶液中,加入适量的沉淀剂,使被测组分形成沉淀析出,将沉淀干燥或灼烧,处理成为有一定组成适于称重的形式,称其质量即可计算被测物质的含量。也可利用电解(称量在电极上析出物质的质量)、气化(将生成的气体吸收后称重)等方法来进行重量分析。

在重量分析中,测量数据全部由分析天平称量而获得,不需要依赖基准物质校准,所以准确度高。通常测定的相对误差为 0.1% ~ 0.2%。在分析工作中常以重量分析法的结果作为标准,校对其他分析方法结果的准确度。但是,重量分析法操作较烦琐,需时长,也不适宜于低含量组分的测定。

重量分析法是根据沉淀的质量来计算试样中被测物质的含量,因此用于重量分析法的沉淀必须满足以下要求:

(1)沉淀的溶解度必须很小,这样才能使被测组分沉淀完全。

(2)沉淀应是粗大的晶形沉淀。这样沉淀夹带杂质少,便于过滤、洗涤。对于非晶形沉淀,必须选择适当的沉淀条件,使沉淀结构尽可能紧密。

(3)沉淀经干燥或灼烧后,组成应恒定,且不受空气中 CO_2、H_2O 或其他因素影响,这样便于应用化学计算分析结果。

(4)沉淀应有较大的相对分子质量。这样,少量的被测物质可得到大量的沉淀,使称量误差减小。

(5)沉淀剂最好在灼烧时能挥发除掉。

在重量分析法中,为了获得可靠的分析结果,必须掌握沉淀的性质,控制适当的沉淀条件,使沉淀完全、纯净。

第一节　影响沉淀溶解度的因素

在重量分析法中应用沉淀反应时,希望被测组分沉淀完全。沉淀是否完全主要取决于沉淀的溶解度。沉淀的溶解度越小,则沉淀作用越完全。影响沉淀溶解度的因素主要有温度、溶剂、形成胶体溶液、沉淀颗粒大小等。

一、温度的影响

温度升高后,大多数沉淀的溶解度都会增大,但不同沉淀增大的程度并不相同。例如,温度对 AgCl 溶解度的影响比较大,对 $BaSO_4$ 的影响不显著。如果沉淀的溶解度非常小,或者温度对溶解度的影响很小时,一般可以采用热过滤和热洗涤,因为热溶液的黏度小,过滤和洗涤的速度快,而且杂质的溶解度也增大,更容易洗去。例如,$Fe_2O_3 \cdot nH_2O$、$Al_2O_3 \cdot nH_2O$ 等沉淀冷却后很难过滤和洗涤,一般采用热过滤和热洗涤,又如测定 SO_4^{2-}

时，$BaSO_4$ 需要用温水洗涤等。

二、溶剂的影响

关于物质在不同溶剂中的溶解机制至今尚缺乏定量的解释。一条从结构角度阐述的定性的规律是"相似者相溶"，即极性物质易溶于极性溶剂中，反之亦然。无机沉淀物大多是离子型晶体，它们在有机溶剂中的溶解度一般比在水中的低。例如，$KClO_4$ 在水溶液中溶解度较大（2 g/100 mL 水），在乙醚中则几乎不溶解；KCl 和 NaCl 在乙醇中的溶解度只有水中的千分之一左右，而在丙酮中，这二者都成为难溶盐了。

在物质的溶解过程中，溶剂的介电常数（ε）无疑是重要的因素。许多事实表明，无机盐在高介电常数溶剂中的溶解度大于在低介电常数溶剂中的溶解度，溶剂的介电常数尤其对体积小、电荷高的离子影响大。因为在 ε 很低的溶剂中，电解质都以离子对的形式存在，与在水等高介电常数溶剂中的离解情况有所不同，溶剂化的程度也很不一样，这必然影响离子从晶格转入溶液的进程。在具有等介电常数的溶剂中，同一物质的溶解度也有不同（见表 6-1）。所以，溶剂的性质与沉淀溶解度之间的关系是较为复杂的。

表 6-1　$PbSO_4$ 在水 – 有机溶剂混合液中的溶解度

（等介电常数 $\varepsilon = 74.10,25\ ℃$）

有机溶剂	溶解度（$\times 10^6$ mg/L）
二噁烷	109.2
丙　酮	50.8
丙三醇	69.2
乙　醇	60.2

分析化学上经常采用在水中加入一些与水混溶的有机溶剂的办法，使一些本来溶解度较大的沉淀的溶解度降低，使本来沉淀不完全的达到完全沉淀。表 6-2 列出了因加入乙醇，$PbSO_4$ 的溶解度减小的数据。

表 6-2　$PbSO_4$ 在水 – 乙醇溶液中的溶解度

乙醇浓度（%）	0	10	20	30	40	50	60	70
$PbSO_4$ 溶解度（mg/L）	45	17	6.3	2.3	0.77	0.48	0.30	0.09

必须指出，有机溶剂的加入普遍地降低了无机盐的溶解度。在减少主要沉淀溶解度的同时，也减少了干扰组分的溶解度，可使杂质共沉淀的量增多。因此，不能完全靠改变溶剂组成的办法来使沉淀完全，而要考虑到沉淀条件的各个方面。此外，一些由有机沉淀剂生成的沉淀较易溶于有机溶剂中，采用混合溶剂反而会增加它们的溶解度，这也是应当注意的。

三、形成胶体溶液的影响

$AgCl$、$Fe_2O_3 \cdot nH_2O$、$Al_2O_3 \cdot nH_2O$ 等沉淀是由胶体微粒凝聚而成的。胶体微粒的直径只有 $10^{-4} \sim 10^{-1}$ μm，在胶体溶液中，胶体微粒分散的溶液中，过滤时会穿过滤纸的空隙而引起损失。在重量分析法中，对于这类沉淀需要用加入电解质和加热的方法使胶体微粒全部凝聚，然后才能进行过滤。

四、沉淀颗粒大小的影响

同一种沉淀，在质量相同时，颗粒越小，其总表面积越大，溶解度越大。由于小晶体比大晶体有更大的角、边和表面，处于这些位置的离子受晶体内离子的吸引力小，又受到溶剂分子的作用，容易进入溶液中。因此，小颗粒沉淀的溶解度比大颗粒沉淀的溶解度大。例如，$SrSO_4$ 沉淀，晶粒直径为 0.05 μm 时，溶解度为 6.7×10^{-4} mol/L；当粒径直径减小至 0.01 μm 时，溶解度增大到 9.3×10^{-4} mol/L。沉淀的这种性质可以加以利用。当沉淀的作用完成后，将沉淀与母液一起放置一段时间，小晶体能逐渐转化为大晶体，有利于重量分析。

第二节　沉淀的形成

按照沉淀的物理性质，可以粗略地将沉淀分为两类。一类是晶形沉淀，如 $BaSO_4$ 等；另一类是无定形沉淀，如 $Fe_2O_3 \cdot nH_2O$ 等。介于两者之间的是凝乳状沉淀，如 $AgCl$。晶形沉淀的颗粒最大直径在 $0.1 \sim 1$ μm，无定形沉淀的颗粒直径小于 0.02 μm，凝乳状沉淀的颗粒直径介于两者之间。

在重量分析法中希望能获得颗粒大的晶形沉淀，颗粒大的沉淀容易过滤，而且沉淀表面吸附的杂质比较少，容易洗净。沉淀颗粒的大小除与沉淀的性质有关外，还决定了沉淀形成的条件以及沉淀后的处理。

沉淀的形成过程是比较复杂的，一般认为经历如图 6-1 所示的过程：

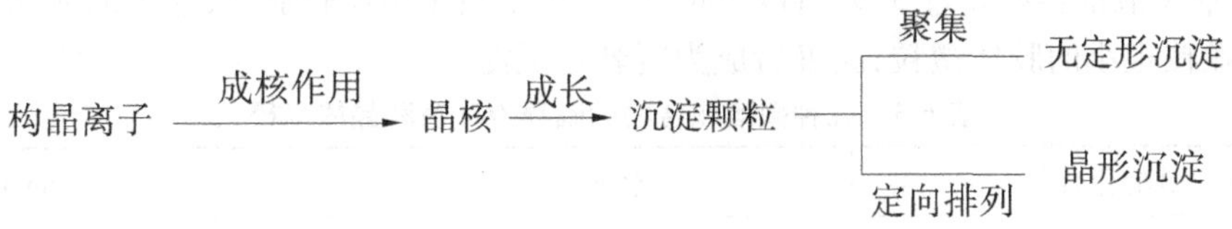

图 6-1　沉淀的形成过程

在过饱和溶液中，构晶离子由于静电作用而缔合起来形成晶核，然后成长为沉淀颗粒。如果沉淀颗粒不继续长大，而是较疏松地聚集为更大的聚集体，就形成无定形沉淀；如果沉淀颗粒进一步成长，且构晶离子又按一定的晶格定向排列，则形成晶形沉淀。

晶核的形成有两种情况，一种是均相成核作用，另一种是异相成核作用。均相成核作用是指构晶离子在过饱和溶液中，通过离子的缔合作用自发地形成晶核。异相成核作用是指进行沉淀的溶液和容器中不可避免地混有肉眼观察不到的固体微粒，这些微粒诱导沉淀的形成,因此它们起着晶种的作用。

　　溶液中有了晶核后,构晶离子向晶核表面扩散,并沉积在晶核上,使晶核逐渐成长为沉淀颗粒。沉淀颗粒的大小是由晶核生成速度和晶核成长速度的相对大小所决定的。如果晶体形成的速度比晶核成长的速度慢很多,则获得较大的沉淀颗粒,且构晶离子能及时按一定的晶格排列为晶状沉淀;反之,如果晶核形成的速度大于晶核成长的速度,形成的大量晶核来不及按一定方向排列,这样得到的是无定形沉淀。

　　冯·韦曼(Von Weimarn)研究了沉淀颗粒大小与沉淀速度之间的关系,提出了一个经验公式,认为沉淀生成的初始速度(即晶核形成速度)与溶液的相对过饱和度(又称分散度)成正比。

$$沉淀的初始速度 = K \times \frac{Q-s}{s}$$

式中　Q——加入沉淀剂瞬间沉淀物质的浓度;

　　　　s——开始沉淀时沉淀物质的溶解度;

　　　　$Q-s$——沉淀开始瞬间的过饱和度;

　　　　$\frac{Q-s}{s}$——沉淀开始瞬间的相对过饱和度;

　　　　K——常数,它与沉淀的性质、介质及温度等有关。

　　溶液的相对过饱和度越小,则晶核形成的速度越慢,得到的是颗粒较大的晶形沉淀。因此,为了获得颗粒较大的沉淀,需设法减小沉淀时$\frac{Q-s}{s}$的值。降低Q值,促使$\frac{Q-s}{s}$值减小。

　　实验还证明,Q/s必须超过某一数值,溶液中才会自发地发生均相成核作用。这个Q/s值称为临界过饱和比。不同沉淀的临界过饱和比不一样,如表6-3所示。控制过饱和比在Q/s值以下,主要为异相成核作用,常能得到大颗粒沉淀;若超过Q/s值,则以均相成核作用为主,导致生成大量细小的晶体。由表6-3可知,$BaSO_4$和$AgCl$的Q/s分别为1 000和5.5。在沉淀$BaSO_4$时,很容易使过饱和比在1 000以下,因此得到的$BaSO_4$几乎都是颗粒较大的晶形沉淀。$BaSO_4$与$AgCl$的溶解度比较接近,但其Q/s值相差较大,$AgCl$的Q/s值很容易超过5.5,所以$AgCl$的均相成核作用比较显著,晶核的成长不快,获得的是颗粒很小的胶体微粒,凝聚后成为凝乳状沉淀。

表 6-3　几种微溶化合物的临界 Q/s 值和晶核半径

微溶化合物	Q/s 值	晶核半径(nm)
$BaSO_4$	1 000	0.43
$PbSO_4$	28	0.53
$CaC_2O_4 \cdot H_2O$	31	0.58
CaF_2	21	0.43
$AgCl$	5.5	0.54
$PbCO_3$	106	0.45

第三节　影响沉淀纯度的因素

在重量分析法中,希望获得纯净的沉淀。但是,完全纯净的沉淀是没有的,沉淀中总会或多或少夹带一些杂质。因此,必须了解沉淀生成过程中混入杂质的各种原因,从而找出减少杂质混入的方法,以获得符合重量分析要求的沉淀。

在进行沉淀反应时,溶液中某些本来不应沉淀的组分同时也被沉淀带下来而混杂于沉淀之中,这种现象称为共沉淀现象。例如,测定 SO_4^{2-} 时,以 $BaCl_2$ 为沉淀剂,如果试液中有 Fe^{3+} 存在,当析出 $BaSO_4$ 沉淀时,Fe^{3+} 也被夹在沉淀中。$BaSO_4$ 沉淀应该是白色的,如果有 Fe^{3+} 共沉淀,则灼烧后的 $BaSO_4$ 中混有棕色的 Fe_2O_3。由于共沉淀现象,使沉淀沾污,这是重量分析法中误差的主要来源之一。

发生共沉淀现象的原因大致有以下几种情况。

一、表面吸附引起的共沉淀

在沉淀中,构晶离子是以一定的规律排列的,每个 Ba^{2+} 的前、后、上、下、左、右都为 SO_4^{2-} 所包围,同样,每个 SO_4^{2-} 的前、后、上、下、左、右也都被 Ba^{2+} 所包围,整个结晶内部处于静电平衡状态,但在沉淀表面的 Ba^{2+} 或 SO_4^{2-},至少有一面没有被包围,由于静电引力的作用,它有吸引带相反电荷离子的能力,因此 $BaSO_4$ 沉淀的表面就存在着吸附杂质的可能性。同时,被吸附的离子本身也具有再吸附其他的带相反电荷离子的能力。是不是任何带相反电荷的离子都能被吸附呢? 从原则上讲是都能被吸附,但也有一定的规律性:

(1)与构晶离子生成化合物的溶解度愈小的离子,愈易被吸附。通常沉淀表面首先吸附构晶离子。如用稀 H_2SO_4 来沉淀 Ba^{2+} 时,H_2SO_4 是过量的,$BaSO_4$ 沉淀表面的 Ba^{2+},首先会吸附 SO_4^{2-},因为它们在沉淀表面又能生成难溶性的 $BaSO_4$。同样地,如果用 $BaCl_2$ 溶液来沉淀 SO_4^{2-},则 $BaCl_2$ 溶液是过量的,$BaSO_4$ 沉淀表面的 SO_4^{2-} 首先吸附 Ba^{2+}。

(2)与构晶离子生成化合物的离解度愈小的离子愈易被吸附。

(3)离子的价数愈高,愈易被吸附。

此外,沉淀吸附杂质的量与下列因素有关:

(1)同质量的沉淀如果颗粒愈小,则总的表面积愈大,吸附能力也就愈强,因而吸附杂质的量愈多;

(2)因为吸附作用是一个放热过程,所以溶液的温度愈高,吸附量就愈少。

二、生产混晶体而引起的共沉淀

每种晶形沉淀都有一定的晶体结构。如果杂质离子的离子半径与构晶离子的离子半径相似,它们所形成的晶体结构就比较相近,那么它们就可能生成混晶体,使沉淀变得不纯净,例如,$BaSO_4$ 和 $PbSO_4$、$MgNH_4PO_4$ 和 $MgNH_4AsO_4$ 都可以生成混晶体。

三、吸留或包夹的共沉淀

在沉淀生成的过程中,当沉淀剂的浓度较大,加入速度较快时,由于沉淀的迅速析出,因而把溶液中的杂质包藏在沉淀内部,引起沉淀的不纯净,这种现象叫做吸留或包夹。

四、后沉淀

后沉淀是在沉淀反应之后慢慢形成的共沉淀。例如,在含有 Ca^{2+} 和 Mg^{2+} 的混合溶液中,用 $C_2O_4^{2-}$ 将 Ca^{2+} 沉淀为 CaC_2O_4 时,由于 CaC_2O_4 的溶解度比 MgC_2O_4 小,所以会析出 CaC_2O_4 沉淀。如果 Mg^{2+} 的浓度较小,并不生成 MgC_2O_4 沉淀,但当 CaC_2O_4 沉淀析出后,沉淀的表面吸附有 $C_2O_4^{2-}$,而沉淀表面 $C_2O_4^{2-}$ 的浓度比溶液中 $C_2O_4^{2-}$ 的浓度要大,它吸附 Mg^{2+} 于沉淀表面上,结果慢慢地析出 MgC_2O_4 沉淀,使 CaC_2O_4 沉淀不纯净。

为了获得纯净的沉淀,必须根据在不同情况下产生共沉淀的原因来设法消除共沉淀现象。

第四节　沉淀条件的选择

重量分析法要求沉淀完全、纯净,且易于过滤和洗涤。为此,必须根据晶形沉淀和无定形沉淀的特点,选择合适的沉淀条件。

一、晶形沉淀的沉淀条件

(1)沉淀作用应当在稀的溶液中进行,沉淀剂的浓度也应适当地小一些。这样做是为了减小溶质的 Q 值以降低过饱和程度。晶核的生成速度慢,容易形成大颗粒晶形沉淀,吸附和包藏杂质的量减小。同时,溶液适当地稀一些,杂质的浓度也就相应地减小,被吸附的可能性也就小一些。

但是,溶液太稀时,应该考虑沉淀的溶解而引起的损失。因此,对于溶解度较大的沉淀,沉淀时的溶液就不能太稀。

(2)在不断搅拌下,慢慢加入沉淀剂。这样可以避免局部过浓而产生大量细小晶核。

(3)沉淀作用应在热溶液中进行。这样可增大沉淀的溶解度,降低溶液的相对过饱和度,有利于获得大的晶粒。此外,在热溶液中可减少吸附作用,使沉淀更加纯净。对于溶解度较大的沉淀,可在热溶液中进行沉淀,冷却后再过滤,以减小沉淀的溶解损失。

(4)陈化。沉淀析出后,让初生的沉淀与母液一起放置一段时间,这个过程称为陈化。晶形沉淀刚生成时,结晶颗粒大小一致,小晶体表面吸附有较多的杂质,欲去掉这些杂质,必须经过陈化的过程。在陈化过程中,小晶体逐渐溶解,大晶体不断长大。这是因为在同样条件下,小晶体的溶解度比大晶体的大,在同一溶液中,小晶体表面的溶液对小晶体而言是饱和的,但对大晶体来说已是过饱和了,于是一部分离子就会在大晶体表面上结晶出来,但是,这就会引起小晶体表面的溶液对小晶体形成不饱和状态,以致小晶体发生溶解,直至达到饱和为止。如此循环的结果,小晶体不断溶解,大晶体不断成长,小晶体所吸附和包藏的杂质排出而进入溶液中,沉淀的纯度提高了,沉淀的形状也便于过滤和洗涤。加热搅拌能加速小晶体的溶解与离子的扩散,因而能使陈化过程加速。一般在室温下进行,陈化需 8 ~ 10 h,在加热搅拌下缩短为 10 min 或 1 ~ 2 h 便能完成。

二、无定形沉淀的沉淀条件

无定形沉淀的溶解度一般很小,例如 $Fe_2O_3 \cdot nH_2O$、$Al_2O_3 \cdot nH_2O$ 等。因为在沉淀过程中 $\dfrac{Q-s}{s}$ 非常大,所以想通过改变这一比值来获得颗粒较大的沉淀比较困难。无定形沉淀是由许多胶体粒子聚集而成的。沉淀的颗粒小,比表面积小,吸附杂质多,又容易胶溶(即由沉淀再转化为胶体溶液),而且这类沉淀含水量大,结构疏松,体积庞大。所以,对于无定形沉淀主要考虑如何破坏胶体,加速沉淀微粒的凝聚。针对这些问题,无定形沉淀的沉淀条件如下:

(1)为了使生成的沉淀比较紧密,以便于过滤和洗涤,沉淀反应最好在较浓的溶液中进行。因为溶液的浓度高时,离子的水化程度较小,所以从浓溶液中析出的沉淀含水量少,体积较小,结构也较紧密。但是在浓溶液中进行沉淀时,杂质的浓度也相应地提高了,因而增加了杂质被吸附的可能性。因此,在沉淀作用完毕后,应立即加入大量的热水并搅拌,使溶液中杂质的浓度降低,破坏沉淀表面的溶液中被吸附离子的平衡,一部分吸附的离子将离开沉淀表面而转入到溶液中。

(2)在热溶液中进行沉淀,可以促进沉淀微粒的凝聚,防止胶体的生成,减少沉淀对杂质的吸附,并使沉淀结构紧密一些。

(3)沉淀时加入大量电解质,一般为易挥发的铵盐,如 NH_4Cl、NH_4NO_3 等。电解质可以中和胶粒上的电荷,有利于胶体微粒的凝聚。在洗涤液中加入适量的电解质,可以防止洗涤时沉淀发生胶溶现象。

(4)沉淀反应完毕后,应立即趁热过滤,不必陈化。因为这类沉淀在放置后不仅不能改善沉淀的形状,反而聚集得更紧密,使已吸附的杂质更难以洗去。

三、均匀沉淀法

利用某种反应由溶液中缓慢而均匀地产生沉淀剂来进行沉淀的方法,称为均匀沉淀法。用这种方法所得到的沉淀颗粒大,表面吸附杂质少,易于过滤和洗涤。

例如,用均匀沉淀法沉淀 Ca^{2+} 时,在含有 Ca^{2+} 的微酸性溶液中加入过量草酸,然后加入尿素并加热至 90 ℃左右,尿素发生水解:

$$CO(NH_2)_2 + H_2O \xrightarrow{\triangle} CO_2 \uparrow + 2NH_3$$

水解产生的 NH_3 逐渐提高溶液的 pH,使 CaC_2O_4 均匀缓慢地形成。由于在沉淀过程中溶液的相对饱和度较小,故得到的是大晶粒的 CaC_2O_4 沉淀。

根据化学反应机制的不同,均匀沉淀可以分为以下几种类型。

(一)控制溶液 pH 的均匀沉淀

采用缓慢升高 pH 的方法,最典型的实例是尿素水解法,该法不仅可用于铝、铁、锆、钍等碱式盐沉淀,也可用于草酸钙、铬酸钡等晶态沉淀。用乙酰胺水解制得的晶状亚硒酸钍沉淀,可与 10 倍量的稀土元素分离。也有采用缓慢降低溶液 pH 的办法,例如,用 β -

羟乙基乙酸酯水解生成乙酸,使氨性 $Ag(NH_3)_2Cl$ 逐渐分解,均匀沉淀出的 AgCl 是很完整的结晶体。

(二)酯类或其他有机化合物的水解,产生沉淀剂阴离子

例如,草酸二甲酯水解均匀沉淀钍和稀土;硫酸二甲酯、氨基磺酸水解均匀沉淀钡离子;硫化乙酰胺水解使多种金属离子均匀沉淀为硫化物;8 – 乙酰喹啉水解均匀沉淀铝、镁离子等。

(三)络合物的分解

络合物的分解是一种控制金属离子释出速率的均匀沉淀方法。例如,在浓硝酸介质中以 H_2O_2 络合钨,然后加热逐渐分解 H_2O_2,使钨酸均匀沉淀,这个方法无论在准确度或分离效能方面,都比经典的辛可宁沉淀法要好。也有用 EDTA 络合阳离子,然后以氧化剂分解 EDTA,使释出的阳离子进行均匀沉淀。

(四)氧化还原反应产生所需的沉淀离子

例如,用过硫酸铵氧化 $Ce(Ⅲ)$ 为 $Ce(Ⅳ)$,均匀沉淀成碘酸高铈;用 β – 羟乙基乙酸酯缓慢水解出乙二醇,使 IO_4^- 还原为 IO_3^-,后者将钍均匀沉淀为晶状碘酸钍。这种方法得到的沉淀都很紧密、纯净,与干扰元素的分离效果也比较好。

均匀沉淀法的应用示例如表6-4 所示。

表6-4　均匀沉淀法的应用示例

沉淀剂	加入试剂	反 应	被测组分
OH^-	尿素	$CO(NH_2)_2 + H_2O = CO_2 + 2NH_3$	Al^{3+}、Fe^{3+}、Th^{4+} 等
	六次甲基四胺	$(CH_2)_6N_4 + 6H_2O = 6HCHO + 4NH_3$	Th^{4+}
PO_4^{3-}	磷酸三甲酯	$(CH_3)_3PO_4 + 3H_2O = 3CH_3OH + H_3PO_4$	Zr^{4+}、Hf^{4+}
	尿素 + 磷酸盐		Be^{2+}、Mg^{2+}
$C_2O_4^{2-}$	草酸二甲酯	$(CH_3)_2C_2O_4 + 2H_2O = 2CH_3OH + H_2C_2O_4$	Ca^{2+}、Th^{4+}
	尿素 + 草酸盐		Ca^{2+}
SO_4^{2-}	硫酸二甲酯	$(CH_3)_2SO_4 + 2H_2O = 2CH_3OH + SO_4^{2-} + 2H^+$	Ba^{2+}、Sr^{2+}、Pb^{2+}
S^{2-}	硫代乙酰胺	$CH_3CSNH_2 + H_2O = CH_3CONH_2 + H_2S$	各种硫化物

四、有机沉淀剂

有机试剂作为沉淀剂,在重量分析法和沉淀分离方法中得到广泛的应用。有机沉淀剂与金属离子生成的沉淀大多数是螯合物,还有一些形成难溶性的盐类。

用于重量分析法的有机沉淀剂具有下列优点:

(1)由于有机沉淀剂的种类多,性质各异,根据不同的分析对象,选择不同的试剂,可以提高沉淀反应的选择性。

（2）沉淀在水中的溶解度很小，沉淀作用进行得比较完全。

（3）沉淀吸附的无机杂质较少，因而纯度较高；沉淀颗粒大，易于过滤和洗涤。

（4）许多沉淀干燥后有固定的组成，可以直接称重。

（5）沉淀的相对分子质量大，有利于提高分析的准确度。

但是，有机沉淀剂也存在一些缺点，如试剂本身在水中溶解度较小，易引起沉淀的沾污，有些沉淀组成不恒定或干燥后发生分解；有时沉淀易沾附在玻璃皿壁或漂浮在溶液表面，给操作带来麻烦等。

下面介绍四种重量分析法中常用的有机沉淀剂。

（一）丁二酮肟

丁二酮肟是对 Ni^{2+} 具有很高选择性的试剂。在氨性溶液中，Ni^{2+} 与丁二酮肟反应形成难溶于水的螯合物：

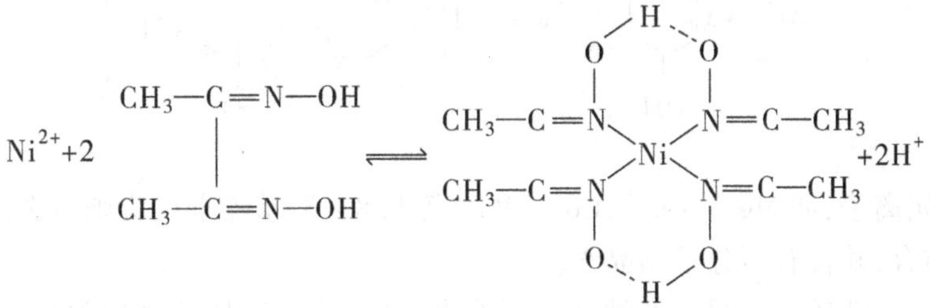

此螯合物溶解度小，组成固定，用预先在 105 ℃烘至恒重的玻璃坩埚中过滤，冷水洗涤，烘干后可直接称重。目前用重量分析法测定镍多采用此方法。

除 Ni^{2+} 外，$Bi(Ⅲ)$ 和 $Pb(Ⅱ)$ 也能与丁二酮肟形成难溶性螯合物。沉淀 $Bi(Ⅲ)$ 的 pH 约为 11。$Pb(Ⅱ)$ 的螯合物可从微酸性溶液（HCl 或 H_2SO_4）中定量沉淀出来，而在此条件下其他金属离子不生成沉淀。

（二）苦杏仁酸

苦杏仁酸是沉淀锆（或铪）的选择性试剂。在盐酸介质中，ZrO^{2+} 与苦杏仁酸反应生成具有 $Zr[C_6H_5CH(OH)COO]_4$ 组成的白色沉淀，反应如下：

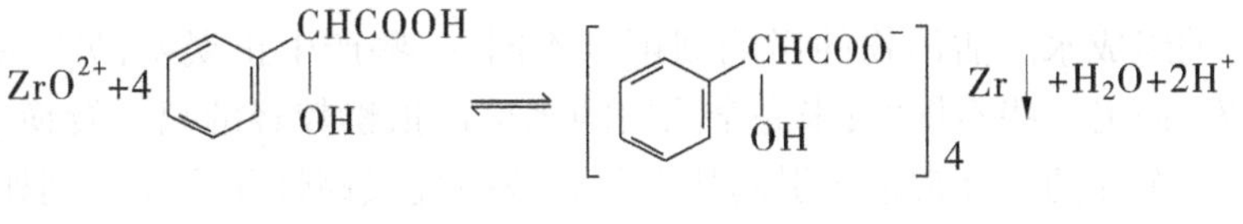

由于沉淀反应是在强酸性介质中进行的，钛、铁、铝、铜离子及其他许多金属离子均无干扰。

（三）四苯硼酸钠

四苯硼酸钠 $[NaB(C_6H_5)_4]$ 能与具有较大离子半径的一价金属离子，如 K^+、Rb^+、Cs^+、Ag^+ 等反应生成难溶盐。例如，四苯硼酸钠与 K^+ 的反应如下：

$$K^+ + \left[\begin{array}{c} \\ B \\ \end{array}\right]^- \rightleftharpoons \left[\begin{array}{c} \\ B \\ \end{array}\right] K \downarrow$$

用重量分析法测定生物物质、肥料和土壤试样中钾含量时,多采用四苯硼酸钠作沉淀剂。干扰离子必须预先除去。

(四)8 - 羟基喹啉

8 - 羟基喹啉在水溶液中呈两性,它能与许多二、三价金属离子生成难溶性螯合物。例如,Al^{3+} 与 8 - 羟基喹啉的反应为:

$$Al^{3+} + 3 \quad \begin{array}{c} \\ N \\ OH \end{array} \rightleftharpoons Al \left[\begin{array}{c} O \\ N \\ \end{array}\right]_3 \downarrow + 3H^+$$

二价金属离子,如 Mg^{2+}、Cu^{2+}、Cd^{2+}、Pb^{2+} 等与 8 - 羟基喹啉反应则按金属离子:沉淀剂 = 1:2 相结合,并含有两分子结晶水。

此试剂选择性较差,但是,各种金属离子的沉淀作用与 pH 有密切关系。控制溶液的酸度,可以提高其选择性。例如,Al^{3+} 在 HAc - NaAc 缓冲溶液中才能定量沉淀。若使用适当的掩蔽剂,也可以提高其选择性。如在含有酒石酸盐的碱性溶液中,Cu^{2+}、Cd^{2+}、Zn^{2+} 及 Mg^{2+} 能沉淀,而 Al^{3+}、Cr^{3+}、Fe^{3+}、Pb^{2+}、Sn^{4+} 等离子不沉淀。

第五节　沉淀的灼烧

许多沉淀都不具有适于称量的组成或者含有需要除去的不定量的水(或其他溶剂),故大多数沉淀需加热使其转变为组成已知的化合物。水可以如下形式存在:在湿沉淀表面上的湿存水、夹杂在晶体内的水、表面上的吸附水、吸液水(亲水胶体)、以水合离子水或结构水存在的组成水。沾污物的影响则可以不同,一些产生正误差,另一些产生负误差;一些易挥发,而另一些不挥发;未完全除去的水可以抵偿较轻的离子置换晶格离子所引起的负误差。沉淀的灼烧常常会引起盐类分解成酸性或碱性化合物。例如,碳酸盐分解形成碱性氧化物,硫酸盐分解形成酸性氧化物。已知分解温度与所产生的氧化物的酸碱性有关,所以可以预言这些化合物的稳定性的某些重要倾向。又由于在元素周期表中从上至下,碱金属和碱土金属氧化物的碱性增强,所以碱金属碳酸盐和硫酸盐的稳定性也将按同样的次序增大。同样,由于三氧化硫比二氧化碳酸性强,所以某一特定金属的硫酸盐的热稳定性通常要比该金属的碳酸盐的大。如果在灼烧过程中不发生氧化态的变化,那么对这些性质的预言一般将都是有效的。在灼烧期间还可能发生其他一些反应(如化合或置换反应)。

灼烧过的沉淀质量本身并不一定能用天平的读数准确地表示。这是由于沉淀和容器与大气中的潮气(干燥器中的大气或许并不干燥)间存在平衡作用和对二氧化碳或氨的吸收作用。

用差热分析法或热重量分析法研究沉淀,可以得到沉淀性质的详细资料。在差热分析中,记录的是物质在加热时发生的热效应(有或没有质量改变)的变化(相变、分解)与温度的函数关系。因为在热重量分析法中,测量的是失重与温度的函数关系。将这两种技术结合起来要比单独一种更为有效。

对于各单一组分的测定,热重量分析法可用做称量操作已实现自动化的快速控制,精确度则限于 1/300 左右,也可用做一种以上组分的测定。例如,钙和镁的草酸盐混合物可用加热即在 500 ℃ 下称量碳酸钙和氧化镁及在 900 ℃ 下称量氧化钙和氧化镁的办法加以分析。同样,硝酸银和硝酸铜(Ⅱ)的混合物在 280 ~ 400 ℃ 时产生硝酸银和氧化铜,而在超过 529 ℃ 时产生银和铜的氧化物。在硝酸钡存在的情况下,利用硝酸钡催化高氯酸钾分解这个事实,高氯酸钾是可以被测定的。

对于我们当前所讨论的问题来说,重要的是 Duval 的数据汇编,它给我们提供了指导选择干燥或灼烧沉淀的温度所需要的种种资料。例如,氯化银在 70 ~ 600 ℃ 范围内很容易干燥,对于细致的重量分析法来说,一般都推荐加热到 130 ~ 150 ℃。应当了解,在此温度下约有 0.01% 的吸附水残留。只有在熔融时最后的痕量水才会失去,这大概在 455 ℃ 时发生。硫酸钡沉淀不仅含有可在 115 ℃ 时除去的吸附水,而且还含有以固体溶液形式存在的包藏水。例如,Fales 和 Thompson 发现,当把于 115 ℃ 干燥过的相当纯净的硫酸钡灼烧时,在 300 ℃ 和 600 ℃ 各加热 2 h 后将进一步失重 0.1% 和 0.3%。在 800 ℃ 再加热 1 h 又会失重 0.05%。一般建议灼烧温度为 800 ~ 900 ℃,而根据 Duval 的数据汇编,在 780 ℃ 时热解曲线就已基本上变为水平的了。由于硫酸钡会分解产生氧化钡和三氧化硫,所以要对温度上限加以限制,此分解反应在大约 1 400 ℃ 时将变得很明显。但是,如果有像氧化铁或二氧化硅这样的杂质存在,那么三氧化硫的损失将在 1 000 ℃ 时就开始,这是因为氧化铁或二氧化硅起酸性氧化物作用,而与强碱性的氧化钡反应从而助长挥发性的三氧化硫损失。如果采用滤纸过滤,则应在温度不超过 600 ℃ 和在氧化的气氛中将其除去,以防止硫酸钡被碳还原成硫化钡。

水合氧化物含有大量的吸附水和吸入水,有时也含有结构水(氢氧化物)。Duval 观察到,水合氧化物脱水所必需的最低温度取决于沉淀方法。由气态氨沉淀的氧化铝可在 475 ℃ 下干燥。由尿素 – 琥珀酸法沉淀的氧化铝可在 611 ℃ 时干燥,用氨水沉淀的氧化铝则需要在 1 031 ℃ 下干燥。这些温度范围是在连续升温加热时记录重量与温度的函数关系确定的。所得的热分解曲线呈现水平的区域相当于达到恒重。而这种连续加热的实验结果对重量分析法的普通(静态)条件却未必有效。Milner 和 Gordon 清楚地证明,由这几种方法沉淀的水合氧化铝,用通常的灼烧和称量的操作方法,在加热超过 800 ℃ 时将失重大约百分之几。他们建议用 1 200 ℃。在热重量分析中,因为温度以一随意的速度连续地升高,未必能达到平衡,而且沉淀也没有暴露在冷而潮湿的大气中,因为称量是在升高了的温度下进行的。由于在 900 ~ 1 000 ℃ 灼烧过的氧化铝是吸湿的,所以暴露于潮湿空气中的头几分钟内氧化铝就会吸收它将在 24 h 内吸收的水的一大部分。如果在 1 200 ℃ 下灼烧氧化铝,吸湿的 γ – 氧化铝将被转变为 α – 氧化铝,后者不吸湿因而可以从容地称量。

二氧化硅在 358 ℃时在记录式热天平中达到恒重,而在普通重量分析法中则是在高温下加以灼热以降低其吸湿性。Miehr、Koch 和 Kratzert 发现,当把二氧化硅在所指定温度下加热 1 h 后于干燥器内冷却 30 min 时,二氧化硅中水的百分率如下:900 ℃,0.9%;1 000 ℃,0.5%;1 100 ℃,0.2%;1 200 ℃,0.1%。

根据 Wendlandt 的热分解曲线,一般在 105～120 ℃干燥过的四苯硼酸钾,直到 265 ℃都很稳定。在 715～825 ℃时则形成偏硼酸钾。

草酸钙一般都以一水合物的形式从热溶液中沉淀出来。它的热分解曲线则有几段平坦部分,从室温到 100 ℃为一水合物,226～398 ℃为无水草酸钙,420～660 ℃为碳酸钙,840～980 ℃为氧化钙。Sandell 和 Kolthoff 认为,一水合物不是一个可靠的称量形式,因为它可能残留过多的水分,共沉淀的草酸铵也依然未分解,因此当沉淀于 105～110 ℃干燥时,结果通常也还会偏高 0.5%～1.0%。无水草酸钙由于具有吸湿性也不适于作为称量形式。

Willard 和 Boldyreff 认为,如果将草酸钙在(500 ± 25)℃温度下灼烧,那么碳酸钙将是一个优良的称量形式。从下面的考虑可知,必须对温度加以严密控制。最低温度决定于下列不可逆分解反应的速率:

$$CaC_2O_4 \rightarrow CaCO_3 + CO$$

这个反应很慢,在 450 ℃时不可能在一个合理的时间内完全反应,但在 475 ℃就变快了。温度的上限由在某一给定温度下的二氧化碳的平衡压力所决定,而与碳酸钙的比值无关。所以,如果二氧化碳的平衡压力超过大气中二氧化碳的分压时,碳酸钙将会完全分解。与正常大气中二氧化碳的分压 29.43 Pa 相比,500 ℃时的离解压力为 19.19 Pa。509 ℃时离解压力达 29.43 Pa,但是直到温度超过 525 ℃,离解速率并不显著。因此,碳酸钙是个理想的称量形式,只要有效地把温度控制在 500 ℃附近或是在低于 880 ℃的二氧化碳的气氛中加热均可。882 ℃时碳酸钙的离解压力达到 97.25 kPa,所以当超过该温度时它将被灼烧成氧化钙。由于氧化钙具有吸湿性,氧化钙与碳酸钙相比是不好的称量形式。

第六节　重量分析结果的计算

在重量分析法中,分析结果是根据灼烧或烘干后的物质的质量计算而得出的,例如,用重量分析法测定 SiO_2 的含量,是将沉淀灼烧成 SiO_2 的形式,然后按下式计算 SiO_2 的百分含量(ω):

$$\omega_{SiO_2} = \frac{SiO_2 \text{ 沉淀的质量}}{\text{试样的质量}} \times 100\%$$

如果欲测组分与灼烧后的称量形式不同,分析结果就要进行换算。例如,用四苯硼酸钾重量分析法测定某样品中钾的含量时,物质的称量形式是四苯硼酸钾($K[B(C_6H_5)_4]$),那么就要将称得的沉淀的质量换算成钾的质量,从而求得样品中钾的百分含量。

【例 6-1】 测定一肥料样品中的钾时,称取试样 219.8 mg,最后得到 $K[B(C_6H_5)_4]$

沉淀 428.8 mg,求试样中钾的百分含量。

解 $K[B(C_6H_5)_4]$ 的相对分子质量是 358.3,钾的相对原子质量是 39.10,设沉淀中含钾 x mg,则 $358.3:39.10 = 428.8:x$,从而

$$x = 428.8 \times \frac{39.10}{358.3} = 46.79(\mathrm{mg})$$

已知 $K[B(C_6H_5)_4]$ 沉淀中钾的质量,故试样中钾的百分含量为

$$\omega_\mathrm{K} = \frac{\text{钾的质量}}{\text{试样的质量}} \times 100\% = \frac{46.79}{219.8} \times 100\% = 21.29\%$$

以上计算说明,被测物质的质量等于两个数据的乘积,其中一个是 $K[B(C_6H_5)_4]$ 沉淀的质量,另一个是被测物质的相对分子质量与称量形式的相对分子质量之比,这个比值是常数,称为重量因数(或称换算因数),此例中重量因数为

$$\frac{\mathrm{K}}{K[B(C_6H_5)_4]} = \frac{39.10}{358.3} = 0.109\ 1$$

因此,根据 $K[B(C_6H_5)_4]$ 沉淀的质量及 $K[B(C_6H_5)_4]$ 对钾的重量因数,就可以计算出试样中钾的百分含量。

$$\omega_\mathrm{K} = \frac{K[B(C_6H_5)_4] \text{的质量} \times \dfrac{\mathrm{K}\ \text{的相对原子质量}}{K[B(C_6H_5)_4]\ \text{的相对分子质量}}}{\text{试样的质量}} \times 100\%$$

重量因数示例如表 6-5 所示。

表 6-5　重量因数示例

被测组分	称量形式	重量因数
S	$BaSO_4$	$\dfrac{\mathrm{S}}{BaSO_4} = 0.137\ 4$
K_2O	$KClO_4$	$\dfrac{K_2O}{2KClO_4} = 0.339\ 9$
Fe_3O_4	Fe_2O_3	$\dfrac{2Fe_3O_4}{3Fe_2O_3} = 0.966\ 6$
Cr_2O_3	$PbCrO_4$	$\dfrac{Cr_2O_3}{2PbCrO_4} = 0.235\ 1$

【例 6-2】 测定过磷酸钙中的有效磷时,称取试样 500.0 mg,经处理后得到 $Mg_2P_2O_7$ 沉淀 120.0 mg,求试样中的 P_2O_5 的百分含量。

解 $Mg_2P_2O_7$ 的相对分子质量是 222.55,P_2O_5 的相对分子质量是 141.94,由于 1 个 $Mg_2P_2O_7$ 分子相当于 1 个 P_2O_5 分子,则 $Mg_2P_2O_7$ 对 P_2O_5 的重量因数为

$$\frac{P_2O_5\ \text{的相对分子质量}}{Mg_2P_2O_7\ \text{的相对分子质量}} = \frac{141.94}{222.55} = 0.637\ 8$$

$$\omega_{P_2O_5} = \frac{Mg_2P_2O_7 \text{ 的质量} \times \dfrac{P_2O_5 \text{ 的相对分子质量}}{Mg_2P_2O_7 \text{ 的相对分子质量}}}{\text{试样的质量}} \times 100\%$$

$$= \frac{120.0 \times 0.637\ 8}{500.0} \times 100\% = 15.31\%$$

若以 m 表示称量形式的质量，F 表示重量因数，m_s 表示试样的质量，即可求出被测组分的百分含量 ω_x：

$$\omega_x = \frac{m \times F}{m_s} \times 100\%$$

【例6-3】　称取含铝试样 0.500 0 g，溶解后用 8 - 羟基喹啉作沉淀剂进行沉淀反应。烘干后称得 $Al(C_9H_6NO)_3$ 的质量 0.327 8 g。计算样品中铝的百分含量。

解　称量形式为 $Al(C_9H_6NO)_3$，$Al(C_9H_6NO)_3$ 的相对分子质量是 459.43，Al 的相对原子质量是 26.98，故

$$\omega_{Al} = \frac{m \times F}{m_s} \times 100\%$$

$$= \frac{0.327\ 8 \times \dfrac{26.98}{459.43}}{0.500\ 0} \times 100\%$$

$$= 3.850\%$$

第七章　分光光度分析法

分光光度分析法是以物质对光的选择性吸收为基础的分析方法。根据物质所吸收光的波长范围不同,分光光度分析法又有紫外、可见及红外分光光度分析法。本章重点讨论可见分光光度法,并简单介绍紫外分光光度法。

第一节　分光光度法的特点

一、分光光度法的特点

(1)灵敏度高。通常待测物质的含量为 $10^{-3}\%$ ~ $10^{-6}\%$ 时,能够用分光光度法准确测定。所以它主要用于测定微量组分。

(2)应用广泛。几乎所有的无机离子和许多有机化合物可以用分光光度法进行测定。如土壤中的氮、磷以及植物灰、动物体液中各种微量元素的测定。

(3)操作简便、迅速,仪器设备不太复杂。若采用灵敏度高、选择性好的有机显色剂,并加入适当的掩蔽剂,一般不经过分离即可直接进行分光光度法的测定。光度法的相对误差通常为 5% ~ 10%,其准确度虽不及重量分析法和容量分析法,但对于微量组分的测定,结果还是满意的。

二、溶液颜色与光吸收的关系

光波是一种电磁波。电磁波包括无线电波、微波、红外光、可见光、紫外光、X 射线、γ 射线等。如果按照其频率或波长的大小排列,可得表 7-1 所示的电磁波谱。

表 7-1　电磁波谱

区域	频率(Hz)	波长	跃迁类型	光谱类型
X 射线	10^{20} ~ 10^{16}	10^{-3} ~ 10 nm	内层电子跃迁	X 射线吸收、发射、衍射、荧光光谱、光电子能谱
远紫外	10^{16} ~ 10^{15}	10 ~ 200 nm	价电子和非键电子跃迁	远紫外吸收光谱、光电子能谱
紫外	10^{15} ~ 7.5×10^{14}	200 ~ 400 nm		紫外 – 可见光吸收和发射光谱
可见	7.5×10^{14} ~ 4.0×10^{14}	400 ~ 750 nm		
近红外	4.0×10^{14} ~ 1.2×10^{14}	0.75 ~ 2.5 μm	分子振动	近红外吸收光谱
红外	1.2×10^{14} ~ 10^{11}	2.5 ~ 1 000 μm	分子振动	红外吸收光谱
微波	10^{11} ~ 10^{8}	0.1 ~ 100 cm	分子转动、电子自旋	微波光谱,电子顺磁共振

可见光只是电磁波中一个很小的波段。不同波长的可见光使人们感觉为不同的颜色。可见光的波长与颜色的关系如表7-2所示。有色物质的不同颜色是由于吸收了不同波长的光。将一束白光通过某溶液时,如果溶液选择性地吸收了某些波长的光,而让其他波长的光透过,这时溶液呈现出透过光的颜色。透过光的颜色是溶液吸收光的互补色。例如,重铬酸钾溶液因吸收了白光中的蓝色光而呈现黄色,硫酸铜溶液因吸收黄色光而呈现蓝色,因为蓝色和黄色是互补色。有色溶液对各种波长的光的吸收情况,常用光吸收曲线来描述。将不同波长的单色光依次通过一定的有色溶液,分别测出对各种波长的光的吸收程度(用字母 A 表示)。以波长为横坐标,吸光程度为纵坐标作图,所得的曲线称为吸收曲线或吸收光谱曲线。它定量地描述了物质对不同波长光的吸收能力。

表7-2　可见光的波长与颜色的关系

波长(nm)	颜色
400 ~ 470	紫
470 ~ 480	蓝
480 ~ 490	绿蓝
490 ~ 500	蓝绿
500 ~ 530	绿
530 ~ 570	黄绿
570 ~ 580	黄
580 ~ 600	橙
600 ~ 750	红

每种物质的吸收曲线,一般都有一个最大的吸收峰,该峰相对应的波长称为最大吸收波长,常用 $\lambda_{最大}$(或 λ_{max})表示。$\lambda_{最大}$ 只随物质的种类而异,而与浓度无关。它反映了溶液对光吸收的选择性,从而说明了溶液呈现颜色的原理,当溶液浓度增大时,光的吸收程度增大,但 $\lambda_{最大}$ 固定不变。因此,当以某种物质最大吸收波长的光照射该物质的溶液时,能够建立吸光度与物质浓度之间的定量关系。

图7-1是三种不同浓度的邻二氮杂菲 – Fe^{2+} 配合物溶液的吸收曲线。从图中可看出,邻二氮杂菲 – Fe^{2+} 配合物溶液对 λ 为 508 nm 的青色光吸收最多,而对 λ 大于 600 nm 的橙红色光几乎不吸收,因而邻二氮杂菲 – Fe^{2+} 配合物溶液呈现橙红色。从图中还可看出,任何浓度的邻二氮杂菲 – Fe^{2+} 溶液的 $\lambda_{最大}$ 都为 508 nm,但吸光度则随配合物溶液浓度的增加正比例地增加。因此,可根据一定波长的单色光被吸收的程度来测定溶液的浓度。

综上所述,由于物质对光有选择性吸收的性质,因此在比色分析中最好应用被溶液吸收最多的那部分波长(即 $\lambda_{最大}$)的单色光来进行测试。其他不被吸收或很少被吸收的光应预先除去,这样才能因溶液浓度的微小变化而引起吸光度较大的变化,以提高比色分析的灵敏度。所以,吸收曲线是比色分析中选择波长的重要依据。

在可见光范围内,$KMnO_4$ 溶液对 525 nm 左右的绿色光吸收程度最大,而对紫色和红

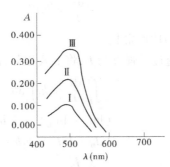

$\text{I} — 0.000\ 2\ \text{mg/mL};\ \text{II} — 0.000\ 4\ \text{mg/mL};\ \text{III} — 0.000\ 6\ \text{mg/mL}$

图 7-1　邻二氮杂菲 – Fe^{2+}配合物溶液的吸收曲线

色光吸收很少。如 KMnO$_4$ 溶液的 $\lambda_{\max} = 525$ nm。浓度不同时,其最大吸收波长不变,但吸光度随浓度增大而增加。

第二节　光吸收基本定律

当一束平行的单色光照射均匀的有色溶液时,光的一部分被吸收,一部分透过溶液,一部分被比色皿的表面反射,光吸收示意图如图 7-2 所示。如果入射光强度为 I_0,吸收光强度为 I_a,透过光强度为 I_t,反射光强度为 I_r,则

$$I_0 = I_\text{a} + I_\text{t} + I_\text{r}$$

在吸光光度分析法中,由于采用同样质料的比色皿进行测量,反射光强度基本上相同,其影响可以相互抵消,上式可简化为

$$I_0 = I_\text{a} + I_\text{t}$$

透过光强度 I_t 与入射光强度 I_0 之比称为透光度或透光率,用 T 表示

$$T = \frac{I_\text{t}}{I_0}$$

溶液的透光度愈大,说明溶液对光的吸收愈小;反之,透光度愈小,则溶液对光的吸收愈大。

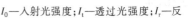

I_0—入射光强度;I_t—透过光强度;I_r—反射光强度;c—溶液浓度;b—液层厚度

图 7-2　光吸收示意图

经过对一系列均匀介质(固体、液体和气体)的吸光试验,得到了朗伯定律和比耳定律,它们是分光光度法的理论基础。

一、朗伯定律

一束单色光通过溶液后,由于溶液吸收了一部分光能,光的强度就要减弱。若溶液的浓度不变,液层越厚,透过光强度越小,光线减弱的程度越大。

如果将液层分成许多无限小的相等的薄层,其厚度为 $\text{d}b$。设照射在薄层上的光强度为 I,当光通过薄层后,光强度减弱为 $-\text{d}I$,则 $\text{d}I$ 应与 $\text{d}b$ 及 I 成正比,即 $-\text{d}I \propto I\text{d}b$,从而

$$-\frac{\mathrm{d}I}{I} = k_1\mathrm{d}b$$

负号表示光强度减弱，k_1 为比例常数。

若入射光强度为 I_0，透过光强度为 I_t，将上式积分，得到

$$-\int_{I_0}^{I_t}\frac{\mathrm{d}I}{I} = k_1\int_0^b\mathrm{d}b$$

$$-(\ln I_t - \ln I_0) = k_1 b$$

$$\ln I_0 - \ln I_t = k_1 b$$

$$\ln\frac{I_0}{I_t} = k_1 b$$

将自然对数变为常用对数，得到

$$\lg\frac{I_0}{I_t} = k_2 b \tag{7-1}$$

式中 k_2 为比例常数，式(7-1)就是光吸收与液层厚度的关系式，通常称为朗伯定律。式(7-1)表明，$\lg\frac{I_0}{I_t}$ 即透光度倒数的对数 $\lg\frac{1}{T}$ 与液层厚度(b)成正比。若用 A 表示 $\lg\frac{I_0}{I_t}$ 或 $\lg\frac{1}{T}$，则式(7-1)可表示为

$$A = \lg\frac{I_0}{I_t} = \lg\frac{1}{T} = k_2 b \tag{7-2}$$

A 称为溶液的吸光度(也称为消光度 E 或光密度 D)。k_2 为比例常数，它随入射光的波长、溶液的性质和温度而改变。式(7-2)表明，当入射光的波长、溶液的浓度和温度一定时，溶液的吸光度与液层厚度成正比。

二、比耳定律

当一束单色光通过液层厚度一定的溶液时，溶液的浓度愈大，光线强度减弱愈显著。若有色溶液的浓度增加 $\mathrm{d}c$，入射光通过溶液后，强度的减弱 $-\mathrm{d}I$ 与入射光强度 I 及 $\mathrm{d}c$ 成正比，即

$$-\mathrm{d}I = k_3 I\mathrm{d}c$$

$$-\frac{\mathrm{d}I}{I} = k_3\mathrm{d}c$$

式中 k_3 为比例常数，将上式积分，并将自然对数变为常用对数，可得到关系式 $\lg\frac{I_0}{I_t} = k_4 c$，即

$$A = \lg\frac{I_0}{I_t} = k_4 c \tag{7-3}$$

式(7-3)就是吸光度与溶液浓度的关系式，通常称为比耳定律。k_4 比例常数，它随入射光的波长、溶液的性质及温度而改变。比耳定律表明，当入射光波长、液层厚度一定时，溶液的吸光度与其浓度成正比。

三、朗伯－比耳定律

如果溶液浓度和液层厚度都是可变的,就要同时考虑溶液浓度 c 和液层厚度 b 对吸光度的影响。为此,将式(7-2)和式(7-3)合并,得到

$$A = \lg \frac{I_0}{I_t} = \lg \frac{1}{T} = kcb \tag{7-4}$$

式中 k 为比例常数,其数值与入射光波长、溶液的性质和温度有关。式(7-4)通常称为朗伯－比耳定律。

四、吸光系数、摩尔吸光系数和桑德尔灵敏度

在式(7-4)中,k 值决定于 c、b 所用的单位,它与入射光的波长及溶液的性质有关。当 c 以 g/L、b 以 cm 为单位时,常数 k 以 a 表示,称为吸光系数,单位为 L/(g·cm)。此时,式(7-4)变为

$$A = abc \tag{7-5}$$

当 c 以 mol/L、b 以 cm 为单位时,常数 k 以 ε 表示,称为摩尔吸光系数,单位为 L/(mol·cm)。ε 的物理意义为当吸光物质的浓度为 1 mol/L、液层厚度为 1 cm 时溶液的吸光度。在这种条件下式(7-4)变为

$$A = \varepsilon bc \tag{7-6}$$

摩尔吸光系数是有色化合物的重要特性。ε 愈大,表示该物质对某波长的光吸收能力愈强,因而测定的灵敏度就越高。对 ε 的值,我们不能直接取 1 mol/L 这样高浓度的有色溶液来测量,而只能通过计算求得。由于溶液中吸光物质的浓度常因离解、聚合等因素而改变,因此计算 ε 时,必须知道溶液中吸光物质的真正浓度。但通常在实际工作中,多以被测物质的总浓度计算,这样计算出的 ε 值称为表现摩尔吸光系数。文献中所报道的 ε 值就是表观摩尔吸光系数值。

【例 7-1】 浓度为 25.5 μg/50 mL 的 Cu^{2+} 溶液,用双环己酮草酰二腙光度法测定,在波长 600 nm 处用 2 cm 比色皿测得 $A = 0.297$,计算摩尔吸光系数。

解 已知 Cu 的摩尔质量为 63.55 g/mol。

$$[Cu^{2+}] = \frac{25.5 \times 10^{-6}}{50 \times 10^{-3} \times 63.55} = 8.0 \times 10^{-6}(mol/L)$$

$$\varepsilon = \frac{A}{cb} = \frac{0.297}{8.0 \times 10^{-6} \times 2} = 1.86 \times 10^4 (L/(mol \cdot cm))$$

在分光光度分析中,还有一种表示显色反应灵敏度的方法,即桑德尔(Sandell)灵敏度(又叫桑德尔指数),用 S 表示。桑德尔灵敏度规定仪器的检测极限为 $A = 0.001$ 时,单位截面积光程内所能检测出被测物质的最低含量,以 μg/cm^2 表示。S 与 ε 的关系可推导如下:

$$A = 0.001$$

$$A = 0.001 = \varepsilon bc$$

即
$$cb = \frac{0.001}{\varepsilon}$$

c 的单位为 mol/L,即 mol/1 000 cm³;b 的单位为 cm,故 cb 为单位截面积光程内被测物质的物质的量,即mol/1 000 cm²。如果 cb 乘以被测物质的摩尔质量 M,就是单位截面积光程内被测物质的质量,即为 S,所以

$$S = \frac{cb}{1\,000} \times M \times 10^6 = cbM \times 10^3 (\mu g/cm^2)$$

将上述公式中 cb 值代入,得

$$S = \frac{0.001}{\varepsilon} \times M \times 10^3$$

即
$$S = \frac{M}{\varepsilon} (\mu g/cm^2)$$

【例 7-2】 已知用双环己酮草酰二腙光度法测定 Cu^{2+} 时,$\varepsilon = 1.9 \times 10^4$ L/(mol·cm),求桑德尔灵敏度。

解　由 $S = \frac{M}{\varepsilon}$,可得

$$S = \frac{63.55}{1.9 \times 10^4} = 3.3 \times 10^{-3} (\mu g/cm^2)$$

同一试剂与不同金属离子反应时,其 S 和 ε 的值均各不相同。桑德尔灵敏度值越小,表示显色反应越灵敏。

五、偏离朗伯 – 比耳定律的原因

朗伯 – 比耳定律是吸光光度分析的理论基础。在实际应用时,通常是使液层厚度保持不变,然后测定一系列浓度不同的标准溶液的吸光度,根据 $A = kbc = k'c$ 关系式,以浓度为横坐标、吸光度为纵坐标作图,应得到一通过原点的直线,称为标准曲线或工作曲线。但是,在实际工作中,当有色溶液的浓度较高时,往往遇到吸光度与相应的浓度不成直线的情况,这种现象称为偏离朗伯 – 比耳定律。如果标准曲线弯曲程度较严重,将会对测定引起较大的误差。

引起偏离朗伯 – 比耳定律的原因主要有以下几个方面:

(1)由于入射光不是单色光而引起的偏离。前面已经指出,朗伯 – 比耳定律只适用于单色光。但实际上单波长的光不能得到。目前各种方法所得到的入射光都是具有一定波长范围的波带,而非单色光,因而发生偏离朗伯 – 比耳定律的现象。单色光的纯度愈差,吸光物质的浓度愈高,偏离朗伯 – 比耳定律的程度愈严重。在实际工作中,若使用波长精度较高的分光光度计,可获得较纯的单色光。

(2)由于介质的不均匀性引起的偏离。当被测溶液是胶体溶液、悬浊液或乳浊液时,入射光通过溶液后除一部分被吸收外,还有一部分因溶液中存在微粒的散射作用而损失,并使透光度减小。而当胶体或其他微粒凝聚沉淀时,又会使溶液吸光度下降。

(3)溶液中的化学变化引起的偏离。溶液中的化学变化如缔合、离解、溶剂化、形成

新的化合物或互变异构等,使吸光度不随溶液浓度而成正比例地改变,导致偏离朗伯-比耳定律。

例如,重铬酸钾在弱酸性介质中有如下平衡:

$$Cr_2O_7^{2-} + H_2O \rightleftharpoons 2HCrO_4^-$$

在 450 nm 波长处测量不同浓度重铬酸钾溶液的吸光度。由于在浓度低时重铬酸根的离解度大,而浓度高时离解度小,同时由于铬酸氢根离子($HCrO_4^-$)的摩尔吸光系数比重铬酸根离子的摩尔吸光系数要小得多,因此浓度低时重铬酸根离子的吸光度降低十分显著,这就使工作曲线偏离朗伯-比耳定律。

第三节 光度分析的方法和仪器

一、光度分析的方法

(一)目视比色法

用眼睛观察、比较溶液颜色深度以确定物质含量的方法称为目视比色法。

常用的目视比色法是标准系列法。即将一系列不同量的标准溶液依次加入各比色管中,再分别加入等量的显色剂和其他试剂,并控制其他实验条件相同,最后稀释至同样体积,配成一套颜色逐渐加深的标准色阶。将一定量的被测溶液置于另一比色管中,在同样条件下进行显色,并稀释至同样体积,然后从管口垂直向下(有时由侧面)观察颜色,如果被测溶液与标准系列中某溶液的颜色相同,则被测溶液的浓度就等于该标准溶液的浓度;如果被测溶液颜色深度介于相邻两个标准溶液颜色之间,则被测溶液的浓度就介于这两个标准溶液的浓度之间。

根据朗伯-比耳定律,当强度为 I_0 的入射光透过标准溶液和被测溶液后,光的强度分别为 $I_标$ 和 $I_试$,则

$$I_标 = I_0 10^{-\varepsilon_1 b_1 c_1}$$
$$I_试 = I_0 10^{-\varepsilon_2 b_2 c_2}$$

当溶液颜色深度相同时

$$I_标 = I_试$$

即

$$\varepsilon_1 b_1 c_1 = \varepsilon_2 b_2 c_2$$

因为标准系列和被测溶液是在相同的条件下显色的,且是同一种有色物质,所以 $\varepsilon_1 = \varepsilon_2$;又因液层厚度相等,$b_1 = b_2$,所以

$$c_1 = c_2$$

标准系列法设置简单,操作迅速,灵敏度也较高,适宜于大批试样中微量组分的分析。对于某些不符合朗伯-比耳定律的显色反应,仍可用此法进行测定。由于人眼对不同颜色及其深度的分辨力不同,有主观误差,因而准确度不高。

(二)标准曲线法

根据朗伯-比耳定律,如果液层厚度保持不变,入射光波长和其他条件也保持不变,

则在一定浓度范围内,所测得吸光度与溶液中待测物质的浓度成正比。因此,配制一系列已知的具有不同浓度的标准溶液,分别在选定波长处测其吸光度 A,然后以标准溶液的浓度 c 为横坐标、以相应的吸光度 A 为纵坐标,绘制出 $A—c$ 关系图。如果符合光的吸收定律,则可获得一条直线,称为标准曲线或工作曲线。在相同条件下测量样品溶液的吸光度,就可以从标准曲线上查出样品溶液的浓度。

(三)二元混合组分的测定

在分光光度分析中,混合溶液里两组分的测定有以下三种情况:

(1)若 1 和 2 两组分的最大吸收峰互不重合,而且在 1 组分的最大吸收波长 λ_1 处,2 组分无吸收;同样,在 2 组分的最大吸收波长 λ_2 处,1 组分无吸收,则可分别在 λ_1 和 λ_2 处测量混合液的吸光度 A_1 及 A_2,然后按常规方法计算 1 和 2 两组分的浓度。

(2)若 1 和 2 两组分的吸收只发生部分重叠,如当 1 和 2 混合在一起时,在 1 组分的最大吸收波长处,2 组分无吸收,所以只需在 λ_1 处就可以测定 1 组分。但在 λ_2 处所测定的吸光度是 1 和 2 的总吸收 $A_{\lambda_2}^{1+2}$,因此必须事先测得组分 1 的纯成分在 λ_2 处的摩尔吸光系数 $\varepsilon_{\lambda_2}^1$,这样可根据混合物中测得组分 1 的浓度来算出组分 1 在 λ_2 处的吸光度 $A_{\lambda_2}^1$,则组分 2 的浓度可从下式求得

$$A_{\lambda_2}^{1+2} - A_{\lambda_2}^1 = \varepsilon_{\lambda_2}^2 c_2 b \tag{7-7}$$

由式(7-7)可见,1 和 2 两组分在 λ_2 处的总吸光度和 λ_2 处 1 组分吸光度之差与 2 组分的浓度 c_2 成正比,即仍服从朗伯 – 比耳定律。

(3)若 1 和 2 两组分在最大吸收波长处都有吸收,则根据吸光度的加和性,即混合物的吸光度为各组分吸光度之和的原则,可在 λ_1 和 λ_2 处分别测得混合物的吸光度 $A_{\lambda_1}^{1+2}$ 及 $A_{\lambda_2}^{1+2}$,并以下列关系式求得结果

$$A_{\lambda_1}^{1+2} = A_{\lambda_1}^1 + A_{\lambda_1}^2 = \varepsilon_{\lambda_1}^1 c_1 b + \varepsilon_{\lambda_1}^2 c_2 b \tag{7-8}$$

$$A_{\lambda_2}^{1+2} = A_{\lambda_2}^1 + A_{\lambda_2}^2 = \varepsilon_{\lambda_2}^1 c_1 b + \varepsilon_{\lambda_2}^2 c_2 b \tag{7-9}$$

式(7-8)与式(7-9)联立求解,得 c_1 和 c_2。

以上是用分光光度法测定混合物的一般方法,在具体应用中还有很多处理方法。

【例 7-3】　含有铁传递蛋白(Transferrin)和去铁胺 B(Desfer – rioxamine B)的混合溶液在 470 nm 及 428 nm 的吸光度分别为 0.424 和 0.401(用 1 cm 比色皿),计算两种成分的浓度。已知:

化合物	$\varepsilon(L/(mol \cdot cm))$	
	428 nm	470 nm
铁传递蛋白	3 540	4 170
去铁胺 B	2 730	2 290

解　设铁传递蛋白和去铁胺 B 的浓度分别为[T]和[D],由式(7-8)、式(7-9)得到:

在 428 nm 处　　　　　　　　$0.401 = 3\ 540[T] + 2\ 730[D]$

在 470 nm 处　　　　　　　　$0.424 = 4\ 170[T] + 2\ 290[D]$

解此联立方程式,得

$$[T] = 7.30 \times 10^{-5} \text{ mol/L}$$

$$[D] = 5.22 \times 10^{-5} \text{ mol/L}$$

二、分光光度法的测量仪器

分光光度法的测量仪器有比色计和分光光度计两类。这类仪器的组成部件示意图如图 7-3 所示。

$$\boxed{\text{光 源}} \rightarrow \boxed{\text{单色器}} \rightarrow \boxed{\text{吸收池}} \rightarrow \boxed{\text{检测系统}}$$

图 7-3　分光光度法的测量仪器的组成部件示意图

下面分别简介各部件。

(一)光源

在可见和近红外光区的常见光源是钨灯和卤钨灯。适用的波长范围为 320 ~ 2 500 nm,卤钨灯是在钨灯中加入适量的卤素或卤化物(碘钨灯加入纯碘,溴钨灯加入溴化氢)而成,且多改用石英或高硅氧玻璃制作的灯泡。

氢灯和氘灯(充有氢的同位素氘)是紫外光区常用的光源,它们在 180 ~ 375 nm 波长产生连续光谱。氘灯的光强度比同样设计和相同功率的氢灯要大。

(二)单色器

单色器是获得单色光的光学装置。由入射狭缝、准直元件、色散元件、聚焦元件和出光狭缝组成。常用的色散元件有棱镜和光栅。

1. 棱镜

棱镜的色散原理是利用不同波长的光具有不同的折射率而使复合光分为单色光。通常用玻璃和石英材料制成。玻璃棱镜的折射率和色散能力都大,但它吸收紫外光,因此仅适用于 350 ~ 3 200 nm 波长范围。可见分光光度计用玻璃棱镜。石英棱镜对紫外光吸收少,适用于 185 ~ 4 000 nm 波长范围。可见 - 紫外分光光度计需用石英棱镜。

2. 光栅

光栅是利用光的衍射和干涉原理制成的色散元件。它的分辨率比较大,在大部分波长范围内产生均匀的色散。但是不同级的衍射光谱常常重叠。为了消除重叠干扰,常在出射狭缝前加滤光片将不需要波长的光除去。

(三)吸收池

吸收池(又称比色皿)是由无色透明的光学玻璃或石英制成,用于盛被测试液和参比溶液。一般每台光度计都配有 0.5 cm、1.0 cm、2.0 cm、3.0 cm 等厚度的吸收池供选择使用。同样厚度吸收池之间的透光率相差应小于 0.5%,使用时应注意保护其透光面,不要用手直接接触。

在可见光区测量时,用玻璃材料的吸收池;在紫外光区测量,则用石英材料的吸收池。

(四)检测系统

1. 光电转换器

检测系统是利用光电效应使光信号转换为电信号的装置。光度分析仪器中常用的检测转换器有光电池、光电管或倍增光电管。

1) 光电池

某些半导体材料受光照射时,受光面和背光面之间会产生电位差,如果在两面之间连接上检流计,就会有光电流通过,这种光电转换元件称为光电池。如硒光电池、硅光电池等,其中硒光电池应用较广,它是由三层物质构成的圆形或方形薄片,内层是铁或铝片,中层是半导体材料硒,外层是导电性能良好的可透光金属(如金、铂、银或镉等)薄膜。当光线照射到光电池上时,就有电子从半导体硒的表面逸出。由于硒的半导体性质,电子只能单方向地向金属薄膜移动,因而使金属薄膜带负电,成为光电池的负极,硒层失去电子后带正电,因而使铁片带正电,成为光电池的正极。这样,在金属薄膜和铁片之间就产生电位差,将线路接通后就会产生光电流。如果把光电池与灵敏检流计连接起来,就可测出电流的强度。当照射光强度不大,且光电池外电路的电阻较小时,光电流与照射光的强度成正比。光电池受强光照射或连续使用的时间太长时,光电流逐渐下降,称为光电池的"疲劳"现象,如遇这种情况,应暂停使用,将光电池置于暗处,使之恢复原来的灵敏度。同时,光电池应注意防潮。

硒光电池对光的敏感范围为 300 ~ 800 nm,但以 500 ~ 600 nm 最灵敏。

2) 光电管

光电管是一种具有透明窗的真空套,内装有互相保持一定电位的一对电极。阴极的凹面镀有光电发射材料层。光照射到阴极上时,阴极表面发射电子,所发射的电子在加于光电管的电压作用下流向阳极,产生光电流。光电流经放大后即可测量。常用的光电管有蓝敏和红敏两种。蓝敏光电管的阴极表面镀有金属锑和铯,应用范围为 210 ~ 615 nm,红敏光电管的阴极表面镀有金属银和氧化铯,应用范围为 625 ~ 1 000 nm。光电倍增管比普通光电管更为灵敏,且本身具有放大作用,在分光光度计中广为应用。

2. 检流计

在光电比色计中,通常采用悬镜式光点反射检流计,它的灵敏度高,每格约为 10^{-9}A。使用时应防止震动和大电流通过,以免吊丝扭断。当仪器不使用时,必须将检流计开关指向零位,使其短路。

在检流计的标尺上,有吸光度 A 和百分透光率 $T\%$ 两种刻度。由于吸光度与透光率是负对数关系,因此吸光度标尺的刻度是不均匀的。

在精密的分光光度计中,常采用自动记录仪、数字显示器或电传打字机来记录或显示放大的电流。

721 型分光光度计光学系统如图 7-4 所示。仪器将光源灯、单色器、吸收池座、光电管暗盒、稳压电源及微安表等部件全部装置于一体,操作方便,精密度也较高。其波长范围为 360 ~ 800 nm,用钨丝白灯泡作为光源。

由光源(钨灯)所发出的白光照射到聚光透镜上,聚光后再经平面反射镜转角 90°,反射到入射狭缝,由此进入单色器内,狭缝正好位于球面准直镜的焦面上。入射光经过准直镜反射后,以一束平行光射向棱镜被色散,其入射角在最小偏向角,入射光在铝面上反射,又被反射回来,再经过准直镜的焦面上。入射光经过准直镜反射后,以一束平行光射向棱镜被色散,其入射在最小偏向角,入射光在铝面上反射,又被反射回来,再经过准直镜反射交会聚于出射狭缝上,出射狭缝和入射狭缝为同一装置。通过狭缝的光经聚光透镜照射

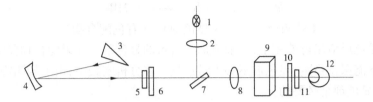

1—光源(钨灯);2—聚光透镜;3—棱镜;4—准直镜;5—保护玻璃;6—出射狭缝;

7—反射镜;8—聚光透镜;9—吸收皿;10—光门;11—保护玻璃;12—光电管

图 7-4　721 型分光光度计示意图

到吸收皿,透过光再经光门、保护玻璃照射到光电管上。光电管产生的光电流经放大系统输入指针式检流计,最后读出吸光度值。

第四节　显色反应和显色条件

一、分光光度法对显色反应的要求

在光度分析法中,使被测物质在试剂(显色剂)的作用下形成有色化合物的反应称为显色反应。对于显色反应,一般必须满足下列要求:

(1)选择性好。即在显色条件下,显色剂尽可能不要与溶液中其他共存离子显色,如果其他离子也和显色剂反应,干扰离子的影响应容易消除。

(2)灵敏度高。显色反应的灵敏度高,才能测定低含量的物质。灵敏度可从摩尔吸光系数来判断,但灵敏度高的显色反应不一定选择性好。在实践中应全面考虑。

(3)显色产物应具有固定的组成,符合一定的化学式。对于形成不同配合比的配合物的显色反应,需要严格控制实验条件,使生成一定组成的配合物,以提高其重现性。

(4)显色产物的化学性质应该稳定,在测量过程中溶液的吸光度应改变很小。

(5)显色产物与显色剂之间的颜色差别要大。这样,显色时颜色变化鲜明,而且在这种情况下试剂空白一般较小。

有色化合物与显色剂之间的颜色差别,常用"对比度"表示,它是显色产物 MR 与显色剂 R 的最大吸收波长之差的绝对值 $\Delta\lambda$:

$$\Delta\lambda = \left| \lambda_{max}^{MR} - \lambda_{max}^{R} \right|$$

由此可见显色剂在显色反应中的重要性。显色剂中有一些是无机化合物,如硫氰酸盐、钼酸铵和过氧化氢等。但无机显色剂的灵敏度一般比较低,选择性也不高,应用较少。有机显色剂具有灵敏度高和选择性较好的特点,其应用范围较广。

二、显色条件

在光度分析中,通常是根据实验结果选择最适宜的显色条件,这些条件包括显色剂的用量、溶液的酸度、显色时间、显色温度、溶剂等。

(一)显色剂的用量

被测物质与显色剂的反应可用下列一般式表示:

$$M \quad + \quad R \quad \Longrightarrow \quad MR$$
　　（被测物）　　　　（显色剂）　　（有色配合物）

　　为了使显色反应尽可能完全,一般应加入过量的显色剂。如果配合物稳定度高,而且在一定条件下能保持稳定,显色剂不必大量过量。在分析实践中,由于待测物质的浓度未知,稍过的显色剂是必要的。

　　当生成不太稳定的有色配合物时,必须加入相当量的试剂,以保证获得足够的有色配合物并有可观的吸光度。

　　有时显色剂的用量过大,反而会引起副反应,对光度测定不利。例如,利用 $Mo(SCN)_5$ 测定生物材料中的钼时,若硫氰酸盐用量过多,由于生成了颜色较浅的 $Mo(SCN)_6^-$ 使吸光度降低。在这种情况下,应严格控制显色剂的用量,以保证得到正确的结果。通常,显色剂的用量是根据实验结果来确定的。实验方法是固定被测组分的浓度,加入不同量的显色剂,在其他条件相同的情况下测定其吸光度,绘成曲线如图 7-5 所示,当试剂用量在 $a \sim b$ 时,测得的吸光度不再增大,说明试剂用量已足够,因此可在 $a \sim b$ 确定一个适当的用量。

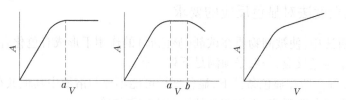

图 7-5　显色剂用量与配合物吸光度关系示意图

(二)溶液的酸度

1. 酸度对显色剂浓度的影响

　　在分光光度法中,所用的显色剂不少是有机弱酸(以 HR 表示),酸度提高则平衡倾向于生成 HR,使 R 的实际浓度降低,不利于显色反应的进行。因此,显色时溶液的酸度不能高于某一限度。此外,在不同的酸度下,R 的浓度不同,有时可引起有色配合物配位数的改变。例如,磺基水杨酸(Ssal)与 Fe^{3+} 在 pH 为 $1.8 \sim 2.5$ 时生成紫红色的 $Fe(Ssal)^+$;在 pH 为 $4 \sim 8$ 时生成棕褐色的 $Fe(Ssal)_2^-$,在 pH 为 $8 \sim 11.5$ 时生成黄色的 $Fe(Ssal)_3^{3-}$。

2. 酸度对被测离子形态的影响

　　当被测离子是容易水解的金属离子时,若酸度低于某一限度,被测离子形成羟基配合物、多核羟基配合物、碱式盐或氢氧化物沉淀,不利于光度分析。

3. 酸度对显色剂颜色的影响

　　许多有机显色剂具有酸碱指示剂的性质,随着 pH 的改变,显出不同的颜色,在选择酸度时必须考虑这种情况。例如,1 - (2 - 吡啶偶氮) - 间苯二酚(简称 PAR),在 pH < 6 的溶液中,主要以 H_2R 形式存在;在 pH = 7 ~ 12 时,主要以 HR^- 形式存在;在 pH > 13 时,主要以 R^{2-} 形式存在。

$$H_2R \xrightarrow{6.9} H^+ + HR^- \xrightarrow{12.4} H^+ + R^{2-}$$
　　（黄色）　　　　（橙色）　　　　（红色）

PAR 与多数金属离子生成红色或紫色的络合物。显然,PAR 只适宜在酸性或弱碱性溶液中进行比色测定,因为在强碱性溶液中显色剂本身就是红色。

显色反应的适宜酸度可以通过绘制酸度曲线来确定,其方法是固定溶液中被测组分与显色剂的浓度,改变溶液的 pH 或酸度,测定溶液的吸光度。以 pH 或酸度为横坐标、吸光度为纵坐标作图,绘成吸光度与 pH 的关系曲线,从中选择适当的 pH 进行测定。

(三)显色时间

有些显色反应能瞬间完成,且有色化合物的颜色很快达到稳定状态,在较长时间内保持不变;有些显色反应虽能迅速完成,但由于空气的氧化、光的照射或其他原因使有色化合物的颜色逐渐减退;有些显色反应需要一定时间才能完成。因此,应根据实际情况,选择适当的显色时间来进行比色测定。

(四)显色温度

温度对显色反应的影响,通常表现在以下几个方面:

(1)对显色反应速度的影响。反应速度常随温度的升高而加快。例如,用吡啶巴比土酸测定水中氰化物时,显色反应在室温下需 15 min 以上才能完成,在沸水浴中仅需 3 min。

(2)由于温度的升高可能导致某些有色配合物发生分解或氧化还原反应,因而会使有色配合物破坏而不利于光度测定。

(3)温度升高会引起有色配合物离解度的增大,使其稳定性降低而导致吸光度下降。

(4)温度变化会使有色配合物的摩尔吸光系数改变,从而使吸光度发生改变。

必须指出,在分析实践中,并不是每一种显色反应都同时存在上述四个方面的影响。通过绘制吸光度—温度曲线可以确定反应的适宜温度。

(五)溶剂

通常,水溶性有色配合物因加入适当有机溶剂,使溶液的介电常数降低,配合物离解度减小或稳定性增大,从而提高显色反应的灵敏度。有时,有机溶剂的加入,还可能增大反应速度,改变配合物的溶解度和组成等。例如,用硫氰酸盐光度法测定钴时,在水溶液中有色配合物大部分离解,不显颜色。但在 50% 丙酮溶液中,则显示配合物为天蓝色。又如用二甲酚橙测定铝时,通常需要加热才能使显色反应完全,但当加入乙醇或丙酮后,显色反应立刻达到完全。高价离子因加入有机溶剂使显色反应速度加快的原因可能是有机溶剂的加入使多聚离子解聚。

第五节　仪器测量误差和测量条件的选择

一、仪器测量误差

在分光光度分析法中,使用任何光度计进行测量时,都会产生一定的误差。这些误差可能来自光源的电压不稳定、光电池灵敏度的变化和仪器刻度读数不准确等。如果测量时透光率读数的绝对误差是 ΔT,对于同一台仪器,它基本上是常数。但由于吸光度与透光率之间是负对数关系,在不同 A 值时,同样的 ΔT 的读数误差所引起的吸光度的绝对误

差 ΔA 是不同的。A 值越大,由 ΔT 引起的 ΔA 也越大。

根据朗伯 – 比耳定律,设由 ΔA 引起的被测物质浓度误差为 Δc,则

$$\Delta A = k'\Delta c$$

当被测物质的浓度 c 很低时,A 很小,由 ΔT 引起的 ΔA 和 Δc 也很小。这时测量的相对误差 $\Delta c/c$ 才是比较小的。

根据 $A = -\lg T = 0.434\ln T = k'c$,对 T 微分,得到

$$dA = 0.434\frac{dT}{T} = k'dc$$

仪器测量误差 ΔT 引起的浓度测量的相对误差为

$$\frac{\Delta c}{c} = \frac{\Delta A}{A} = \frac{-0.434\Delta T}{AT} = \frac{0.434\Delta T}{T\lg T} \tag{7-10}$$

式(7-10)表明,浓度测量的相对误差不仅与光度计读数误差有关,而且还与溶液的透光率有关。设 $\Delta T = 0.01$,按式(7-10)计算不同 T 值的 $\Delta c/c$ 值,结果如表7-3 所示。如果以 T 值为横坐标、$\Delta c/c$ 值为纵坐标作图,得图7-6。

表7-3　不同 T 值时浓度测量的相对误差

T	$-\dfrac{\Delta c}{c}$	T	$-\dfrac{\Delta c}{c}$	T	$-\dfrac{\Delta c}{c}$
0.95	20.50	0.65	3.57	0.368	2.72
0.90	10.60	0.60	3.26	0.30	2.77
0.85	7.20	0.55	3.04	0.25	2.89
0.80	5.60	0.50	2.88	0.20	3.11
0.75	4.64	0.45	2.78	0.10	4.34
0.70	4.01	0.40	2.73	0.05	6.70

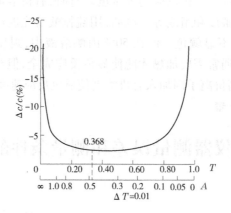

图7-6　透过率与浓度相对误差关系示意图

欲求得 $\Delta c/c$ 为最小时的 A 值,将 $T\ln T$ 对 T 微分并令其值为零,即

$$\frac{d}{dT}(T\ln T) = 0$$

$$\ln T + 1 = 0$$
$$\ln T = -1$$
$$\lg T = -0.434$$
$$T = 0.368$$
$$A = -\lg T = -\lg 0.368 = 0.434$$

可见，$T = 36.8\%$（$A = 0.434$）时，浓度测量的相对误差达到最小值。如果光度计读数误差为 1%，选择透光率在 15% ~ 70%（吸光度为 0.15 ~ 0.82），浓度测量的相对误差均小于 5%。

二、测量条件的选择

在光度分析法中，除选择适宜的显色条件外，还应当选择合适的测量条件。主要的测量条件包括入射光波长、吸光度范围和参比溶液等。适当地选择这些条件，可以提高方法的灵敏度、准确度及消除某些干扰。

（一）选择入射光波长

入射光的波长对测定结果的灵敏度和准确度都有很大的影响。选择入射光的波长时，应先绘制有色溶液的光吸收曲线，然后选择该溶液的最大吸收波长来进行测量。用光度法测定锰时应选择 525 nm。如果试液中某种组分在同样的波长也有吸收，则对测定有干扰，这时，可选另一灵敏度稍低，但能避免干扰的入射光。例如，用丁二酮肟比色法测定镍时，镍与丁二酮肟配合物的 $\lambda_{最大}$ 为 450 nm。当试液中有 Fe^{3+} 存在时，须加入柠檬酸将 Fe^{3+} 掩蔽，而柠檬酸铁配合物在 450 nm 处也有一定的吸收，对镍的测定有干扰。因此，选用 520 ~ 530 nm 波长，尽管测定镍的灵敏度稍低一些，但却消除了 Fe^{3+} 的干扰。

（二）控制吸光度的范围

从仪器测量误差的讨论中可知，为了使测定结果获得较高的准确度，应该控制溶液的吸光度在一定的范围内，一般要求是 0.15 ~ 0.8。控制吸光度范围的方法是改变比色皿的厚度或改变溶液的浓度。

（三）选择适当的参比溶液

参比溶液又称空白溶液。在光度分析法中，利用参比溶液来调节仪器吸光度的零点、消除显色溶液中其他有色物质的干扰，抵消比色皿壁及溶液对入射光的反射和吸收的影响等。

当显色剂及其他的试剂都没有颜色而被测溶液中又无其他有色离子时，可用蒸馏水作参比溶液；如果显色剂本身为无色，而被测溶液中有其他有色离子存在时，应采用不加显色剂的被测溶液作参比溶液；如果显色剂本身有颜色，被测试液中无其他有色离子，则按照与显色剂反应相同的条件，即不加试样溶液，只加入同样量的各种试剂和溶剂作为参比溶液。

三、溶液中共存离子的影响及其消除方法

在光度分析法中，不仅需要了解显色条件和测量条件的选择，还会遇到某些共存离子对测定发生干扰以及如何消除干扰的问题。

（1）共存离子与显色剂生成有色化合物,使测定结果偏高。例如,用硫氰酸盐法测定土壤中的微量钼时,Fe^{3+}也与硫氰酸盐生成有色化合物,因而加深了被测组分有色化合物的颜色。

（2）共存离子与被测组分或显色剂生成无色化合物或发生其他反应,降低了被测组分或显色剂的浓度,使测定结果偏低。例如,用磺基水杨酸作显色剂采用光度法测定Fe^{3+}时,F^-、PO_4^{3-}与Fe^{3+}形成无色配合物,而Al^{3+}又能与磺基水杨酸生成无色配合物,这都会影响Fe^{3+}的光度测定。

（3）共存离子本身具有颜色。例如,用过氧化氢光度法测定钛Ⅳ时,Fe^{3+}的黄色就会妨碍钛(Ⅳ)的测定。

消除共存离子干扰的主要方法有以下几种:

（1）加入适当的掩蔽剂,使干扰离子形成无色的化合物,从而降低溶液中干扰离子的浓度,使干扰消除。Fe^{3+}对钛(Ⅳ)的光度法测定有干扰,可加入H_3PO_4作掩蔽剂,使之与Fe^{3+}生成无色配合物,以消除干扰。

（2）控制显色条件,消除干扰。一种显色剂对不同金属离子的显色反应所要求的酸度常不相同。因此,可以将溶液的酸度控制在适当的范围内,使显色剂只与被测组分反应而不与干扰离子显色。例如,在pH为5~6时,二甲酚橙能与许多金属离子显色,选择性很差。但是,当溶液的酸度为1 mol/L时,它仅与Zr^{4+}显色,此时二甲酚橙成为Zr^{4+}的高选择性显色剂。

此外,控制试剂的浓度、溶液的温度、反应的时间,有时也能起到消除干扰的作用。

（3）改变干扰离子的价态。有些干扰离子在某一价态时与显色剂反应生成有色化合物,而在另一价态则无此种反应。在这种情况下,利用氧化还原反应使干扰离子改变价态,以消除干扰。例如,Fe^{3+}的存在对许多组分的测定有干扰,可利用还原剂使Fe^{3+}还原为Fe^{2+},其干扰即可消除。

（4）控制测量条件,如入射光的波长、空白溶液等,以消除某些干扰离子的影响。

（5）采用适当的分离方法将干扰离子分离。

第八章　底质监测

本章所指底质是指江、河、湖、库、海等水体底部表层沉积物质。本书底质监测不包括工厂废水沉积物及污水处理厂污泥的监测,但包括工业废水排污河(沟)道的底部表层沉积物。

由于我国部分流域水土流失较为严重,水中的悬浮物和胶态物质往往吸附或包藏一些污染物质,如辽河中游悬浮物中吸附的 COD 值达水样的 70% 以上,此外还有许多重金属类污染物。由于底质中所含的腐殖质、微生物、泥沙及土壤微孔表面的作用,在底质表面发生一系列的沉淀、吸附、释放、化合、分解、络合等物理化学和生物转化作用,对水中污染物的自净、降解、迁移、转化等过程起着重要作用。因此,水体底部沉积物即底质是水环境中的重要组成部分。

第一节　底质监测的意义、目的与任务

一、底质监测的意义

底质监测是水环境监测的一部分,作为水环境监测的补充,在水环境监测中占据着特别重要的地位。

(1)通过底质监测,不仅可以了解水系污染现状,还可以追溯水系的污染历史,研究污染物的沉积规律、污染物归宿及其变化规律。

(2)根据各水文因素,能研究并预测水质变化趋势及沉积污染物对水体的潜在危害。

(3)从底质中可检测出因浓度过低而在水中不易被检测出的污染物,特别是能检测出因形态、价态及微生物转化而生成的某些新的污染物,为发现、解释和研究某些特殊的污染现象提供科学依据。

因此,底质监测对研究水系中各种污染物的沉积转化规律,确定水系的纳污能力,研究水体污染对水生生物特别是底栖生物的影响,制定污染物排放标准及环境预测等均具有重要价值。

二、底质监测的目的与任务

(1)通过采集并研究表层底质样品中污染物含量,查明底质中污染物的种类、形态、含量水平、分布范围及状况,为评价水体质量提供依据。

(2)通过特别采集的柱状底质样品并分层测定其中的污染物含量,查明污染物浓度的垂直分布状况,追溯水域污染历史,研究随年代变化的污染梯度及规律。

(3)为一些特殊研究目的进行底质监测,为水环境保护的科研和管理工作提供基础资料。

第二节　底质采样

一、采样点

（1）底质采样点通常为水质采样点位垂线的正下方。当正下方无法采样时，可略作移动，移动的情况应在采样记录表上详细注明。

（2）底质采样点应避开河床冲刷、底质沉积不稳定、水草茂盛处表层及底质易受搅动之处。

（3）湖（库）底质采样点一般应设在主要河流及污染源排放口与湖（库）水混合均匀处。

二、采样量及容器

底质采样量通常为 1~2 kg，一次的采样量不够时，可在周围采集几次，并将样品混匀。样品中的砾石、贝壳、动植物残体等杂物应予以剔除。在较深水域一般常用掘式采泥器采样。在浅水区或干涸河段用塑料勺或金属铲等即可采样。样品在尽量沥干水分后，用塑料袋或玻璃瓶盛装；供测定有机物的样品，用金属器具采样，置于棕色磨口玻璃瓶中，瓶口不要沾污，以保证磨口塞能塞紧。

三、底质采样

（1）底质采样点应尽量与水质采样点一致。

（2）水浅时，因船体或采泥器冲击搅动底质，或河床为砂卵石时，应另选采样点重采。采样点不能偏移原设置的断面（点）太远。采样后应对偏移位置作好记录。

（3）采样时应装满抓斗。采样器向上提升时，如发现样品流失过多，必须重新采样。

四、采样记录

样品采集后，及时将样品编号，并贴上标签。将底质的外观、性状等情况填入采样记录表，并将样品和记录表一并交实验室，亦应有交接手续（见表 8-1~表 8-3）。

表 8-1　底质样品采样记录表

河流_____　断面_____　水深_____采样工具_____

层次	样品	瓶号	底质类型	颜色	底质厚度	臭味	生物现象	其他特征	监测项目	备注

采样日期　　　　　　　　　采样者　　　　　　　　　记录者

表 8-2 底质样品送样单

河流_____ 送样单位_____ 送样人_____ 送样日期_____

序号	断面	层次	瓶号	箱号	采样日期	监测项目	备注
1							
2							
3							
4							

收样单位　　　　　　　　收样人　　　　　　　　单位　　　　　　　　日期

表 8-3 柱状底质样品采样记录表及送样单

河流_____ 断面_____ 采样点_____ 水深_____

采样工具_____ 采样管入泥深度_____ 样品长度_____ 采样日期_____

层次	柱状剖面	厚度	分段	样品类型	颜色	臭味	其他特征	样品处理情况				备注
								监测项目	瓶号	箱号	保存情况	

采样者　　　　　　　　记录者

五、样品的保存及运输

底质采样一般与水质采样同时进行,当在同一点位采集完水样后再采集底质样品,其保存与运输方法同第三章所述。

第三节　底质样品的预处理

底质样品送交实验室后,应在低温冷冻条件下保存,并尽快进行处理和分析。如放置时间较长,则应在约 -20 ℃冷冻柜中保存。处理方法应视待测污染物组分性质而定。处理过程应尽量避免沾污和污染物损失。

一、底质的脱水

底质中含大量的水分应采用下列方法之一除去,不可直接置于日光下暴晒或高温烘干。

(1)自然风干:待测组分较稳定,样品可置于阴凉、通风处晾干。

(2)离心分离:待测组分如为易挥发或易发生各种变化的污染物(如硫化物、农药及其他有机污染物),可用离心分离脱水后立即取样进行分析,同时另取一份烘干测定水分,对结果加以校正。

(3)真空冷冻干燥:适用于各种类型的样品,特别适用于含有对光、热、空气不稳定的污染物的样品。

（4）无水硫酸钠脱水：适用于油类等有机污染物的测定。

二、底质样品的筛分制备

将脱水干燥后的底质样品平铺于硬质白纸板上,用玻璃棒等压散(勿破坏自然粒径)。剔除大小砾石及动植物残体等杂物(必要时取此样品作泥沙颗粒粒径分布分析)。样品过目筛,直至筛上物不含泥土,弃去筛上物,筛下物用四分法缩分,至获得所需样品量(四分法弃去的那部分样品,也应另瓶分装备查)。用玛瑙研钵(或玛瑙粉碎机)研磨至样品全部通过 80 ~ 200 目筛(粒度要求按项目分析方法确定,但对汞、砷等易挥发元素和需要测低价铁、硫化物等时,样品不可用粉碎机粉碎),装入棕色广口瓶中,贴上标签后取样分析或冷冻保存待用。

所用筛网材质在测定金属时应使用尼龙制品,测定有机污染物时使用铜或不锈钢制品。

三、柱状样品处理

柱状样品从管式泥芯采样器中小心挤出时,尽量不要使其分层状态破坏,按表8-3要求填写好记录,经干燥后,用不锈钢小刀刮去样柱表层,然后按底质的脱水、筛分方法处理。为了了解各沉积阶段污染物质的成分及含量变化,可将柱状样品用不锈钢小刀沿横断面截取不同部位(如泥质性状分层明显,按性状相同段截取;分层不明显,可分段截取。一般上部段间距小,下部段间距大)样品分别进行预处理及测定。

四、底质样品含水量的测定与监测结果的表示

底质样品脱水后,都需要测定其含水量,以便获得计算底质中各种成分时按烘干样为基准的校正值。底质样品含水量测定方法如下:

从风干后的底质样品称出 5.00 ~ 30.00 g 样品 2 ~ 3 份,置于已恒重的称量瓶或铝盒中,放入(105 ±2)℃烘箱中烘 4 h 后取出,再置于干燥器中冷却 0.5 h 后称重。重复烘干 0.5 h,干燥至恒重。按下式计算含水量:

$$含水量(\%) = \frac{风干样质量 - 烘干样质量}{风干样质量}$$

除 pH、温度(℃)、氧化还原电位(mV)以及颗粒粒径(mm)等外,其他项目均以mg/kg表示。

第四节　底质样品的分解与浸提

一、选择样品分解方法的原则

(一)监测目的

样品分解方法随监测目的的不同而异。例如,要调查底质中元素含量水平及随时间

的变化和空间的分布,一般宜用全量分解方法;要了解底质受污染的状况,用硝酸分解法就可使水系中由于水解和悬浮物吸附而沉淀的大部分重金属溶出;要摸清底质对水体的二次污染,如要评价底质向水体中释放出重金属的量,则用蒸馏水按一定的固液比做溶出(或浸出)实验;要监测底质中元素存在的价态和形态,则要用特殊的溶样方法。

(二)元素的性质

分解样品中的砷,由于有卤化物存在,加热时,As^{3+} 易挥发损失($AsCl_3$ 沸点 130.2 ℃),因此最好的选择是用 $HNO_3 - HClO_4 - H_2SO_4$ 体系,使砷保持在五价状态(As^{5+}),即不易挥发损失。用 $HNO_3 - HF - H_2SO_4$ 和 $HNO_3 - HF - HClO_4$ 体系分解样品中锌、锰、钴等,获得结果相近,但对于铅则不然,因为 Pb^{2+} 与 Ca^{2+}、Sr^{2+}、Ba^{2+} 的硫酸盐产生共沉淀,用 $HNO_3 - HF - HClO_4$ 体系分解会使铅的结果严重偏低。铬、镍、铜、铅等元素的一部分存在于矿物晶格中,用不含氢氟酸的混合酸分解时,结果普遍偏低。而镉和锌易从底质中溶出,采用王水或王水 - 高氯酸体系也能得到与全量分解法相似的结果。若用 $HNO_3 - HF - HClO_4$ 体系分解样品中铅,会导致测定结果偏低,因为铬会挥发损失,应选用 $HNO_3 - HF - H_2SO_4$ 体系。

(三)试液介质对测定的影响

经过样品分解制备的试液必须对以后的测定没有干扰,或干扰很小,且易于消除。碱熔融法是全量分解的经典方法,但由于引入大量碱金属盐,对以后的原子吸收测定会产生基体干扰,因此一般不采用碱熔融法。相反,用 $HNO_3 - HF - HClO_4$ 分解样品,能除去大量的硅,对原子吸收测定是有利的。

二、全量分解法

(一)$HNO_3 - HF - HClO_4$ 分解法

称取 0.100 0 ~ 0.500 0 g 样品,置于聚四氟乙烯坩埚中,用少量水冲洗内壁润湿试样后,加入硝酸 10 mL(若底质呈黑色,说明有机质含量很高,则改加(1 + 1)硝酸,防止剧烈反应,发生迸溅)。待剧烈反应停止后,在低温电热板上加热分解。若反应还产生棕黄色烟,说明有机质还多,要反复补加适量的硝酸,加热分解至液面平静,不产生棕黄色烟。取下,稍冷,加入氢氟酸 5 mL,加热煮沸 10 min。取下,冷却,加入高氯酸 5 mL,蒸发至近干。再加高氯酸 2 mL,再次蒸发至近干(不能干涸),残渣为灰白色。冷却,加入 1% 硝酸 25 mL,煮沸溶解残渣,移至 50 ~ 100 mL 容量瓶中,加水至标线,摇匀备测。

(二)王水 - HF - HClO_4 分解法

称取 0.500 0 ~ 1.000 g 样品,置于聚四氟乙烯烧杯中,加少量水润湿,加王水 10 mL,盖好盖子,在室温下放置过夜。置 120 ℃ 电热板上分解 1 h,待溶液透明、液面平稳后(否则应补加适量的王水继续分解),取下稍冷,加高氯酸 5 mL,逐渐升温至 200 ℃ 加热至冒浓厚白烟,残液剩 0.5 mL 左右,取下冷却。再加氢氟酸 5 mL,去盖,加热至 120 ℃ 挥发除去硅,蒸至近干,冷却。再加高氯酸 1 mL,继续加热蒸至近干(但不要干涸),以驱除 HF。加 1% 硝酸 10 mL,温热溶解,定容至 50 mL。立即移入干燥洁净的聚四氟乙烯瓶中,保存备用。

以上两种分解方法制得的试液可用于底质中全量 Cu、Pb、Zn、Cd、Ni、Mn 等的分析。

（三）高压釜酸分解法

称取 1.000～2.000 g 试样于聚四氟乙烯坩埚（内筒）中，加少量水润湿试样，再加入硝酸、高氯酸各 5 mL，摇匀后把坩埚放入不锈钢套筒中，拧紧。放在 180 ℃ 的烘箱中分解 2 h。取出，冷却至室温后，取出坩埚，用水冲坩埚盖的内壁，加入 3 mL 氢氟酸，置于电热板上，在 100～120 ℃ 加热，待坩埚内剩下 2～3 mL 分解物溶液时，调高温度至 150 ℃，蒸至冒浓白烟后再蒸至近干，用 1% 硝酸定容后进行测定。

应当注意：高压釜耐压是有一定限度的，且一般加热温度不要超过 180 ℃，烘箱温度要在加热前进行校正，一旦超过 180 ℃，高压釜有爆炸的可能，聚四氟乙烯内筒也会变形，导致密封不严，造成试样损失或污染。在分解含有机质较多的试样时，可先在 80～90 ℃ 加热 2 h，使有机质充分分解，再升温至 150～180 ℃，以免有机质和 $HClO_4$ 发生强烈反应。在分解红壤土等含铝较高的底质试样时，可适当延长加热时间。聚四氟乙烯坩埚内的试样及消解用酸的总体积不得超过坩埚容积的 2/3，分解完后要放置冷却 30 min 以上。如果聚四氟乙烯内筒带电，称取干燥试样时容易飞散，可用金属电极放电进行处理。

（四）微波酸分解法

称取 0.100 0～0.200 0 g 试样于洗净的 Teflon – PFA 消解罐中，用少量水润湿后加入 9 mL 盐酸、3 mL 硝酸和 2 mL 氢氟酸，盖上压力释放阀和瓶盖，用锁盖机将容器盖锁紧，将容器放到有排气管与中央接收器相连的旋转台上，用 Teflon – PFA 排气管与消解罐相连。设置微波消解功率和时间参数（例如，240～450 W，3～30 min）进行消解，同时打开转盘开关，使试样均匀消解。消解程序完成后，关闭转盘开关，打开微波炉门，将消解罐从转盘上取下，冷却后放入锁盖机中拧松瓶盖。向罐内加入 10 mL 4% 的硼酸后，将消解液移入 50 mL 容量瓶中，用蒸馏水定容至刻度（如减压阀内有少量试液，应用少量水冲洗罐内壁，以免损失试液）。

应当注意：（1）若仅称取 0.10 g 试样，可不加入氢氟酸，在定容前也不必加入硼酸。

（2）微波消解过程中严禁打开炉门，以避免对操作人员造成伤害。

三、浸溶法

（一）硝酸浸溶法

称取 0.500 0 g 样品于 50 mL 校正过的硼酸玻璃管中，加 4～5 粒沸石（防止受热暴沸），加 1 mL 水润湿样品，加浓硝酸 6 mL，待剧烈反应停止后，缓缓加热至沸并回流 15 min。取下冷却，加水至 500 mL，摇匀，放置过夜，令其澄清。取上清液进行分析。

（二）0.1 mol/L HCl 浸提法

称取约 10.00 g 风干过筛的试样放入 150 mL 硬质玻璃三角瓶中，加入 50.0 mL 0.1 mol/L HCl 提取液，用水平振荡器振荡 1.5 h，用干滤纸过滤，滤液用于分析测定。

（三）DTPA 浸提法

DTPA 浸提液可测定有效态（即易释放于水体中）Cu、Zn、Fe 等。

1. 浸提液的配制

DTPA 浸提液的成分为 0.005 mol/L DTPA – 0.01 mol/L $CaCl_2$ – 0.1 mol/L TEA。称取 1.967 g DTPA（二乙基三胺五乙酸）溶于 14.92 g TEA（三乙醇胺）和少量水中，再将

1.47 g $CaCl_2 \cdot 2H_2O$ 溶于水中,一并转入 1 000 mL 容量瓶中。加水约至 950 mL,用 6 mol/L HCl 调节 pH 至 7.30(每升提取液约需加 6 mol/L HCl 8.5 mL),最后用水定容。贮存于塑料瓶中,3 个月内不会变质。

2.浸提过程

称取约 25.00 g 风干过筛的试样,放入 150 mL 硬质玻璃三角瓶中,加入 50.0 mL DT-PA 浸提液,在 25 ℃用水平振荡机振荡提取 2 h,用干滤纸过滤,滤液用于分析测定。

(四)水浸法

称取 5.00 ~ 10.00 g 样品置于 150 mL 磨口锥形瓶中,加水 50 mL,密塞。置于往复式振荡器上,于室温下振荡 4 h,放置 0.5 h,用干滤纸过滤,滤液用于分析测定。

四、其他消解方法

用上述方法消解试样时,因汞和砷元素容易挥发损失,含汞、含砷试样须用专门的预处理方法。

(一)测汞的试样消解

1.硫硝混酸 – $KMnO_4$ 法

称取经粉碎过筛(80 目)的样品 0.100 ~ 2.000 g 于 150 mL 锥形瓶中,加硫酸、(1 + 1)硝酸混合酸 2 mL,待剧烈反应停止后,加水 20 mL、2% 高锰酸钾溶液 5 mL,在瓶口插一三角漏斗,在低温电热板上加热分解,并煮沸 5 min。若紫红色褪去,应及时补加高锰酸钾溶液,以保持有过量高锰酸钾的存在。取下冷却,在临测定前,滴加盐酸羟胺溶液至高锰酸钾和二氧化锰褪色,移入 100 mL 容量瓶中,加水稀释至标线,混匀。

2.HNO_3 – H_2SO_4 – V_2O_5 法

称取风干底质样品 1.000 ~ 3.000 g 于 150 mL 锥形瓶中,加入 V_2O_5 约 50 mg,瓶口插一小漏斗。加入硝酸 10 mL,摇匀,置于 145 ℃电热板上加热,保持微沸 5 min,冷却。加入硫酸 10 mL,继续加热煮沸 15 min,此时试样为浅灰白色(若试样色深应适当补加硝酸再进行分解)。冷却后,用水冲洗漏斗及瓶壁,煮沸溶液片刻以驱除氮氧化物,试液为蓝绿色。冷却,将试液移入 100 mL 容量瓶中,用少量水洗残渣几次,洗涤液并入容量瓶中,滴加 5% $KMnO_4$ 溶液数滴至紫色不褪,加水定容。在临测定前用盐酸羟胺还原。

(二)测砷的试样消解

称取样品 0.200 ~ 1.000 g 于 150 mL 锥形瓶中,加(1 + 1)硫酸 7 mL,浓硝酸 10 mL,高氯酸 2 mL,置于电热板上加热分解,破坏有机物(若试液颜色变深,应及时补加硝酸)。蒸至冒浓厚高氯酸白烟,取下放冷,用水冲洗瓶壁,再加热至冒浓白烟,以驱尽硝酸。取下锥形瓶,瓶底仅剩下少量白色残渣(若有黑色颗粒物应补加硝酸继续分解),加水至 50 mL 用于分光光度法测定,若用原子荧光法测定须准确定容至 100 mL。

五、底质样品的分析

底质试样中所含污染物的分析,一般可分为金属成分、无机成分和有机成分的分析测定。相关测试方法可参考《水和废水监测分析方法》相关要求。

六、底质中有机污染物的分析

（一）样品的处理和保存

样品保存容器、保存条件和最大贮存时间见表8-4。

表8-4 样品保存容器、保存条件和最大贮存时间

名称	保存容器	保存条件	最大贮存时间
细菌实验			
粪便、大肠菌和总粪便链球菌	P 或 G	低温4 ℃，加入0.008% $Na_2S_2O_3$	6 h
无机实验			
酸度	P 或 G	低温4 ℃	14 d
碱度	P 或 G	低温4 ℃	14 d
氨	P 或 G	低温4 ℃，加 H_2SO_4 调至1%	28 d
溴化物	P 或 G	无要求	28 d
生化需氧量	P 或 G	低温4 ℃	48 d
化学需氧量	P 或 G	低温4 ℃，加 H_2SO_4 调至1%	28 d
氯化物	P	无要求	28 d
氯化物,总残渣	P 或 G	无要求	即时分析
色度	P 或 G	低温4 ℃	48 h
氰化物,总量和可氯化的	P 或 G	低温4 ℃，加 NaOH 调至 pH >12，加入0.6 g 抗坏血酸	14 d
氟化物	P	无要求	28 d
硬度	P 或 G	加 HNO_3 调至1%，加 H_2SO_4 调至1%	6个月
氢离子(pH)	P 或 G	无要求	即时分析
凯氏氮和有机金属氮	P 或 G	低温4 ℃，加 H_2SO_4 调至1%	28 d
金属			
铬(Ⅵ)	P 或 G	低温4 ℃	24 h
汞	P 或 G	加 HNO_3 调至1%	28 d
金属类,除去铬(Ⅵ)和汞	P 或 G	加 HNO_3 调至1%	6个月
硝酸盐	P 或 G	低温4 ℃	48 h
硝酸盐－亚硝酸盐	P 或 G	低温4 ℃，加 H_2SO_4 调至1%	28 d
亚硝酸盐	P 或 G	低温4 ℃	48 h
油和脂	P 或 G	低温4 ℃，加 H_2SO_4 调至1%	28 d
有机碳	P 或 G	低温4℃，加 HCl 或加 H_2SO_4 调至1%	28 d
正磷酸盐	P 或 G	即时过滤,低温4 ℃	48 h
溶解氧	G	无要求	即时分析
Winkler 法	DO 瓶	现场固定,保存在暗处	8 h

续表 8-4

名称	保存容器	保存条件	最大贮存时间
酚类	G	低温 4 ℃,加 H_2SO_4 调至 1%	28 d
磷(元素)	G	低温 4 ℃	48 h
磷,总量	P 或 G	低温 4 ℃,加 H_2SO_4 调至 1%	28 d
残渣,总量	P 或 G	低温 4 ℃	7 d
残渣,可过滤	P 或 G	低温 4 ℃	7 d
残渣,不可过滤	P 或 G	低温 4 ℃	7 d
残渣,可沉降	P 或 G	低温 4 ℃	48 h
残渣,挥发性	P	低温 4 ℃	7 d
硅	P 或 G	低温 4 ℃	28 d
电导率	P 或 G	低温 4 ℃	28 d
硫酸盐	P 或 G	低温 4 ℃	28 d
硫化物	P 或 G	低温 4 ℃,加醋酸锌和 NaOH 调至 pH > 9	7 d
亚硫酸盐	P 或 G	无要求	即时分析
表面活性剂	P 或 G	低温 4 ℃	48 h
温度	P 或 G	无要求	即时分析
浊度	P 或 G	低温 4 ℃	48 h
有机实验			
可吹脱卤代烃类	G,聚四氟乙烯密封垫	低温 4 ℃,加入 0.008% $Na_2S_2O_3$	14 d
可吹脱芳香烃类	G,聚四氟乙烯密封垫	低温 4 ℃,加入 0.008% $Na_2S_2O_3$,加 HCl 调至 pH = 2	14 d
丙烯醛和乙腈	G,聚四氟乙烯密封垫	低温 4 ℃,加入 0.008% $Na_2S_2O_3$ 调至 pH = 4 ~ 5	14 d
酚类	G,聚四氟乙烯盖	低温 4 ℃,加入 0.008% $Na_2S_2O_3$	7 d 内萃取,萃取后可存 40 d
联苯胺类	G,聚四氟乙烯盖	低温 4 ℃,加入 0.008% $Na_2S_2O_3$	7 d 内萃取
酞酸酯类	G,聚四氟乙烯盖	低温 4 ℃	7 d 内萃取,萃取后可存 40 d
亚硝胺类	G,聚四氟乙烯盖	低温 4 ℃,暗处,加入 0.008% $Na_2S_2O_3$	萃取后可存 40 d

续表 8-4

名称	保存容器	保存条件	最大贮存时间
PCB,乙腈	G,聚四氟乙烯盖	低温 4 ℃	萃取后可存 40 d
硝基芳香类和异佛尔酮	G,聚四氟乙烯盖	低温 4 ℃,暗处,加入 0.008% $Na_2S_2O_3$	萃取后可存 40 d
多环芳烃类	G,聚四氟乙烯盖	低温 4 ℃,暗处,加入 0.008% $Na_2S_2O_3$	萃取后可存 40 d
卤代醚类	G,聚四氟乙烯盖	低温 4 ℃,加入 0.008% $Na_2S_2O_3$	萃取后可存 40 d
氯代烃类	G,聚四氟乙烯盖	低温 4 ℃	萃取后可存 40 d
四氯二苯二噁英(TCDD)	G,聚四氟乙烯盖	低温 4 ℃,暗处,加入 0.008% $Na_2S_2O_3$	萃取后可存 40 d
总有机卤化物	G,聚四氟乙烯盖	低温 4 ℃,加 H_2SO_4 调至 pH < 2	7 d
农药实验			
农药	G,聚四氟乙烯盖	低温 4 ℃,pH = 5 ~ 9	萃取后可存 40 d
放射性实验			
α、β 和镭	P 或 G	加 HNO_3 调至 pH < 2	6 个月

注:P 为聚乙烯容器,G 为玻璃容器,DO 瓶为溶解氧瓶。

1. 挥发性有机物

标准 40 mL 玻璃螺旋盖 VOA 小瓶,具聚四氟乙烯表面涂有硅酮的垫片,可用于液体或固体基质。小瓶和垫片应用肥皂和水洗涤,并用蒸馏去离子水冲洗。彻底洗净小瓶和垫片后,将其放入马弗炉中在 105 ℃干燥约 1 h(注意:不要加热垫片时间过长,例如多于 1 h,因为硅酮在 105 ℃时开始缓慢降解)。

当采集样品时,须将液体和固体慢慢地倒入 VOA 小瓶中,这样可减少由于搅动而引起挥发性化合物的逸出。液体样品应倒入小瓶,装样时不要将空气泡引入小瓶中。如果倒得过猛会导致起泡,则需将样品倒出,再重新装满小瓶。每个 VOA 小瓶须装满至小瓶口上一弯月面处,然后将带有垫片(聚四氟乙烯的一面对着样品)的螺旋盖旋紧在小瓶上。在旋紧盖后,应将小瓶颠倒并轻敲以检查是否有气泡。若有气泡存在,必须重新取样。每个取样地点样品应装两个 VOA 小瓶。

VOA 小瓶用于采集含有固体或半固体(泥浆)基质样品时,应尽可能完全填满容器,当装满小瓶后,应轻敲瓶壁,使空隙尽量小。每个取样地点也应装两个小瓶。装满 VOA 小瓶后需在取样地点立刻贴上标签。不能在运转着的马达或任何类型的尾气排放系统附近进行装样,因为排放的烟气会污染样品。从每个采样点所取的两瓶样品,应分别用塑料袋封上,以防止样品之间的交叉污染,尤其是当采取的废弃物被怀疑含有大量的挥发性有机物时(在袋中也可放入活性炭以防止样品的交叉污染),VOA 小瓶样品在运输和贮存过程中也会被通过垫片扩散的挥发性有机物所污染。为了监控可能的污染,在整个采样、贮存和运输过程中同时带一个由去离子水配制的运输空白。

2. 半挥发性有机物(包括杀虫剂和除草剂)

测定半挥发性有机物用的采样容器应是玻璃或聚四氟乙烯材质的,并带有聚四氟乙烯衬垫的螺旋盖。样品容器应用肥皂和水洗涤,然后用甲醇(或异丙醇)冲洗。在聚四氟乙烯不易获得的情况下,溶剂冲洗过的铝箔可用做衬垫,高酸性或碱性样品会和铝箔反应,使样品发生污染。塑料容器不能用来贮存样品,因为样品污染可能来自塑料中的酞酸酯和其他碳氢化合物。应小心装填样品,以防止所采集的样品的任何部分接触到送样者的手套而引起污染。不能在有尾气存在的地方采集或贮存样品。如果样品与采样器接触(例如使用自动采样器),用试剂水通过采样器做现场空白。

挥发性有机物、半挥发性有机物推荐的样品容器、保存方法和保存时间见表8-5。

表 8-5　推荐的样品容器、保存方法和保存时间

样品	参数	保存容器	保存方法	保存时间
挥发性有机物	浓缩的废弃物样品	240 mL 广口玻璃瓶,具聚四氟乙烯衬垫	无	14 d
	液体样品无残余氯存在	2 个 40 mL 小瓶,具聚四氟乙烯衬里垫片的瓶盖	4 滴浓盐酸,冷却至 4 ℃	14 d
	有残余氯存在	2 个 40 mL 小瓶,具聚四氟乙烯衬里垫片的瓶盖	将样品收集在 4 盎司[①]土壤 VOA 容器中,此容器用 4 滴 10% 硫代硫酸钠溶液预保存。轻轻混合样品并转移至预先用 4 滴浓盐酸保存的 40 mLVOA 小瓶中,冷却至 4 ℃	
	丙烯醛和丙烯腈	2 个 40 mL 小瓶,具聚四氟乙烯衬里垫片的瓶盖	调节至 pH 为 4~5,冷却至 4 ℃	14 d
	土壤或(和)沉积物和污泥	120 mL 广口玻璃瓶,具聚四氟乙烯衬里	冷却至 4 ℃	14 d
半挥发性有机物	浓缩的废弃物样品	240 mL 广口玻璃瓶,具聚四氟乙烯衬里	无	
	液体样品无残余氯存在	具聚四氟乙烯衬里的 1 加仑[②]或 2.5 加仑棕色玻璃瓶	4 ℃冷却	样品需要在 7 d 内提取并在 40 d 内分析提取物

续表 8-5

样品	参数	保存容器	保存方法	保存时间
半挥发性有机物	有残余氯存在	具聚四氟乙烯衬里的 1 加仑② 或 2.5 加仑棕色玻璃瓶	每加仑加入 3 mL 10% 硫代硫酸钠溶液,4 ℃冷却	样品需要在 7 d 内提取并在 40 d 内分析提取物
	土壤或(和)沉积物和污泥	具聚四氟乙烯衬里的 240 mL 广口玻璃瓶	4 ℃冷却	14 d

注:①1 盎司 = 28.349 5 g;②1 加仑 = 4.546 09 L。

3. 玻璃器皿的清洗

在分析组分含量在 10^{-9} 级的样品时,必须小心仔细地清洗玻璃器皿,不这样做会导致在最后的色谱图解释中出现无数的问题,即由于污染而产生额外的色谱峰。对像索氏提取器、K–D 蒸发浓缩器、采样系统组件或任何其他的与要蒸发至较小体积的提取物相接触的玻璃器皿,须特别仔细地进行处理。在浓缩欲测定化合物的操作过程中同样会污染浓缩物质,这些污染物会使结果严重失真。

玻璃器皿基本的清洗步骤如下:

(1)用毕应立即清除表面残留物;

(2)热浸泡使细粒物松动和漂浮;

(3)热水清洗以冲除漂浮的细颗粒物;

(4)用氧化剂浸泡以破坏痕量的有机化合物;

(5)热水清洗以冲除掉那些被深度渗透浸渍所松散的物质;

(6)蒸馏水清洗以除去自来水中的金属沉积物;

(7)甲醇清洗以冲除最后的痕量有机物和除去水;

(8)在使用之前立即用将在分析中使用的溶剂冲洗器皿。

以上 8 个基本的清洗步骤将按出现的顺序逐个讨论:

(1)当玻璃器皿(如烧杯、移液管、烧瓶或容量瓶)接触到样品或标样后,尽快用甲醇冲洗玻璃器皿,然后再浸泡在热的洗涤剂中,若不这样做,则浸泡浴会使浸泡在其中的所有其他玻璃器皿受到污染。

(2)热浸泡是指在含有适当的洗涤剂的 50 ℃ 或更高温度的水中进行浸泡。洗涤剂(粉状或液体)应该完全是合成的,而不是脂肪酸皂,因为只有极少数地区的水硬度是低至足够防止由钙盐和镁盐与脂肪酸皂作用形成一些硬水水垢。这种硬水水垢或凝乳状物质对许多氯化物特别具有亲和力,它们几乎完全不溶于水,并会在浸泡浴槽中以一种薄膜形式沉积在所有的玻璃器皿上。

(3)不需评述。

(4)用于除去痕量有机物的最通用和最有效的氧化剂是传统的铬酸洗液,是由硫酸和重铬酸钾或重铬酸钠配制的。欲达最大效果,需将浸泡液加热至 40 ~ 50 ℃。在使用铬酸洗液时,须严格遵守安全规则。规定的安全装备包括安全防护镜、橡皮手套和围裙。进行这些操作的工作台部分需用氟碳布覆盖,因为溅出液会腐蚀未保护的台面。

使用铬酸洗液的潜在危险是很大的,这已有详细报道。现在已有了商业化的具有操作安全优点的代用品。这些代用品是生物可降解的浓缩剂,具有与铬酸洗液同样的清洗力。它们是碱性的,当稀释时相当于大约 0.1 mol/L 氧化钠,能清除凝血、硅酮润滑脂、蒸馏残渣及不溶的有机残渣等。它们能除去放射性示踪物,并且不会侵蚀玻璃或对皮肤、衣服有腐蚀作用。

(5) ~ (7)不需评述。

(8)在冲洗器皿和下次使用之间的这段时间内,玻璃器皿可能会受到一些污染。为了避免这样的污染,应在使用之前立刻用分析中要使用的溶剂来冲洗这些玻璃器皿。洗净的玻璃器皿的干燥和保存是非常重要的。不推荐木钉板晾干是因为污染物可能被引入到干净器皿的内部。有氯丁二烯橡胶涂层的金属架适用于像烧杯、容量瓶、色谱管之类的器皿及任何能翻转悬挂起来干燥的玻璃器皿。小物件像搅拌棒、玻璃塞和瓶盖可用铝箔包裹,如烘箱有空处可烘干片刻。在任何情况下,绝不能将这些小物件不加保护遮盖而敞于外面。每日打扫实验室地板所扬起的灰尘最可能重新污染这些干净的玻璃器皿。

作为空气干燥的另一种方法,玻璃器皿可加热到至少 300 ℃ 以使所有有机物挥发。

(二)底质中有机物的提取和样品的制备方法概述

1.方法的适用范围

本方法❶是从各种样品基体中定量地提取非挥发性或半挥发性有机物的方法。净化和(或)分析制成的提取物将分别在后面加以叙述。

2.方法摘要

本方法用溶剂提取已知体积或质量的污泥样品。提取物经干燥,然后在 K – D 装置中浓缩。如果能符合测定方法的质量控制要求,其他浓缩装置或技术可用来代替 K – D 浓缩器。

3.干扰及消除

(1)需要分析挥发性有机物的样品,在运输和贮存过程中,挥发性有机物(特别是氯氟烃、二氯甲烷)通过样品容器衬垫的扩散可使样品受到污染。用试剂水配制现场空白,经过采样和随后的贮存及处理过程,可用以检查这种污染。

(2)溶剂、试剂和玻璃器皿及其他样品处理器皿会对样品分析产生干扰,所有这些材料必须在分析条件下用分析方法空白来证明其无干扰。可能需要选择特殊试剂并在全玻璃系统中蒸馏纯化溶剂。

(3)从样品中共提取的干扰物会因来源不同而相差很大。若被提取样品的分析因干扰受到阻碍,可能需要进一步净化样品提取物。

(4)酞酸酯类污染是实验室中常见的污染,特别是必须避免使用塑料制品。因为酞酸酯通常用做增塑剂,容易从塑料材料中提取出来。如果不实行始终如一的质量控制,任何时候都会发生严重的酞酸酯污染。

(5)待测物降解造成玻璃器皿的污染。玻璃器皿上的肥皂残留物将引起某些待测物

---

❶　在概述中出现的"本方法"是泛指后文中出现的分液漏斗液 – 液萃取法、连续液 – 液萃取法、超声波提取法等相关具体方法。后文在具体某种制备方法中出现的"本方法"则特指该方法。

的降解,特别是艾氏剂、七氯及大多数有机磷农药会在此情况下降解。这种问题对那些难以冲洗的玻璃器皿(如 500 mL K - D 烧瓶)尤为突出。这些器皿应该非常小心地用手工清洗以避免这一难题。

4. 试剂

(1)参见后续具体方法中的特定说明。

(2)标准贮备液。

贮备液可用纯的标准品配制或购买经定值的溶液。

可气提的标准贮备液:使用分析过的液体或气体,配制标准贮备的甲醇溶液。因为一些有机卤化物具有毒性,这些物质的首次稀释须在通风橱中进行。

①在 10 mL 称重过的带磨口玻璃塞的容量瓶中,加入大约 9.8 mL 甲醇,不加瓶盖放置约 10 min,或放至所有甲醇湿润的表面干后,称量该瓶至近 0.1 mg。

②用 100 μL 注射器,立即向瓶中加入 2 滴或更多滴分析过的参考物质,然后再称量。液体须直接滴入甲醇中,不要接触到容量瓶的颈部。

③重新称量,稀释至刻度,盖好塞,然后颠倒瓶数次以混匀。从净增质量计算浓度,以每微升中的微克数($\mu g/\mu L$)表示浓度。若化合物的纯度分析值为 96% 或更高,则此质量不必校正就可用于计算标准贮备液的浓度。商业制备的标准贮备液如果是经过厂家定值或有独立的原始资料的,则可用于任何浓度。

④将标准贮备液移入一个聚四氟乙烯密封的具有螺旋盖的瓶中。以最小液上空间在 -20 ~ -10 ℃避光贮存。

⑤所有标准贮备液 1 个月后必须更换,或如与校核标准比较有问题时应立刻更换。

半挥发性贮备标准液:碱性或中性和酸性标准贮备液溶于甲醇中,有机氯农药标准贮备液溶于丙酮中。

标准贮备液应在 4 ℃时贮存于聚四氟乙烯密封的容器中,这些溶液应经常校核其稳定性。这些溶液 6 个月后必须交换,或如果与质量控制校核样品比较表明有问题时,则应立即更换。

(3)代用标准。

在提取或处理之前应将代用标准(即一种在化学上惰性的化合物,在环境样品中不会存在)加到每一个样品、空白和基本加标样品中。代用标准的回收率用于监控异常的基本效应、整个样品处理的误差等。代用标准的回收是为了评价确定测量的浓度是否落在验收标准界限内。不同待测组推荐的代用化合物如下。但是,这些化合物或其他比较适合于待测组同样可用于其他待测组,对于每个待测组分通常加入 3 个或更多的标准物。

①碱性或中性、酸性代用加标溶液:

碱性或中性代用加标溶液为 2 - 氟联苯、硝基苯 - d_5、三联苯 - d_{14};

酸性代用加标溶液为 2 - 氟苯酚、2,4,6 - 三溴苯酚、苯酚 - d_6。

配制一种代用标准加标溶液于甲醇中,碱性或中性化合物浓度为 100 $\mu g/mL$,酸性化合物浓度为 200 $\mu g/mL$。用于水和底质或土壤样品(低和中等水平)。对于废物样品,碱性或中性化合物浓度应为 500 $\mu g/mL$,酸性化合物浓度为 1 000 $\mu g/mL$。

②有机氯农药代用加标溶液:二丁基氯丹、2,4,5,6 - 四氯 - 间二甲苯。

对于水和沉积物或土壤样品配制浓度为 1 μg/mL 代用标准加标溶液于丙酮中。对于废物样品,浓度应为 5 μg/mL。

③可气提的代用加标溶液:对一溴氟苯、1,2 - 二氯乙烷 - d₄、甲苯 - d₈。

配制代用加标溶液于甲醇中,含有代用标准的浓度为 25 μg/mL。

（4）基体加标溶液。

从每个待测组中选择 5 个或更多的待测物,在一个加标溶液中应用。对于少数待测物组,推荐下列基体加标标准混合物。这些化合物或其他较好地与待测物保持一致的混合物同样也可以应用于其他待测组。

①碱性或中性、酸性基体加标溶液:在甲醇中制备一个加标溶液,对于水和底质或土壤样品,含有下列每一种碱性或中性化合物的浓度为 100 μg/mL,含酸性化合物的浓度为 200 μg/mL。对于各种废物样品,这些化合物的浓度应再提高 5 倍。

碱性或中性化合物:1,2,4 三氯苯、苊、2,4 - 二硝基甲苯、芘、N - 亚硝基二正丙胺、1,4 - 二氯苯;

酸性化合物:五氯苯酚、苯酚、2 - 氯苯酚、4 - 氯 - 3 - 甲基苯酚、4 - 硝基苯酚。

②有机氯农药基体加标溶液:配制加标溶液于丙酮或甲醇中,对于水和沉积物或土壤含有下列规定浓度的农药。对于废物样品的浓度应再提高 5 倍。农药浓度（μg/mL）:林丹(0.2)、七氯(0.2)、艾氏剂(0.2)、狄氏剂(0.5)、异狄氏剂(0.5)、滴滴涕(0.5)。

③可气提基体加标溶液:配制加标溶液于甲醇中,含有下列化合物,浓度为 25 μg/mL。可气提的有机物为 1,1 - 二氯乙烯、三氯乙烯、氯苯、甲苯、苯。

5. 步骤

1）半挥发性有机样品的提取

水、土壤或底质、污泥和废物样品,需要分析碱性或中性、酸性可提取物和(或)有机氯农药,必须在分析之前进行溶剂提取。本书包括 4 个可用于此目的的方法,对于具体样品应采取的方法是由该样品的物理性质决定的。因此,在选择方法之前应先考察一下这 4 种方法。在所有这 4 种方法的提取之前如有需要,将合适的代用标准及基体加标溶液加到样品中。

（1）分液漏斗液 - 液萃取法应用于从水样中提取和浓缩水不溶的及水微溶的有机物。使用分液漏斗将量好体积的样品进行溶液提取。将提取物干燥、浓缩,必要时将其更换为与以后进一步分析相一致的溶剂。如在溶剂与样品两相之间形成乳浊液而用机械方法不能破乳时,应用连续液 - 液萃取法。

（2）连续液 - 液萃取法应用于从水样中提取和浓缩水不溶的及水微溶的有机物。在连续液 - 液提取器中用有机溶剂提取量好体积的样品。溶剂比重必须大于样品的比重。将提取物干燥、浓缩,必要时将其更换为与进一步分析相一致的溶剂。

（3）索氏提取法是用来从固体如土壤、污泥和废物中提取非挥发性和半挥发性有机物。将固体样品和无水硫酸钠混合,放入一个萃取套管或两个玻璃棉塞子之间,在索氏提取器中用合适的溶剂进行提取。将提取物干燥、浓缩,必要时将其更换为与进一步分析相一致的溶剂。

（4）超声波提取法采用声波作用(sonication)技术应用于从固体如土壤、污泥和废物中提取非挥发性和半挥发性有机物。根据有机物在样品中的估计浓度有两个具体方法：低浓度法和高浓度法。在两个方法中，都是将已知质量的样品与无水硫酸钠混合，使用声波作用技术进行溶剂提取。将提取物干燥、浓缩，必要时更换为与进一步分析相一致的溶剂。

（5）底质等固体试样稀释法介绍了非水废物样品的溶剂稀释技术。它是为废物样品内有机化合物的含量可能大于 2×10^4 mg/kg，且可溶于稀释溶剂中的样品而设计的。

2）挥发性有机样品的制备

气提和捕集法是分析挥发性有机物应用最广泛的方法，而直接进样技术对于水基体适用性范围可能有限。

（1）气提和捕集法是将可气提的有机物导入气相色谱仪中的技术。气提和捕集法可直接应用于水溶液样品和经适当处理后的固体、废物、土壤或底质及与水混溶的液体。用一种惰性气体鼓泡通过样品，可有效地将可气提的有机物从水相转移至气相。气相流经一个内含吸附剂的捕集器，用以收集气提物。气提完成后，将捕集器加热且用惰性气体反冲洗以解吸气提物进入气相色谱柱。在应用气提及捕集方法之前，所有的样品（包括空白、加标物和平行双样）应当添加代用标准，需要时用基本加标化合物。

（2）气提和捕集法可应用于研究来自挥发性有机物采样系统的吸附剂管。

3）样品分析

在用以上介绍的数种方法之一制备样品后，该样品就可以作进一步分析。对于需要分析挥发性有机物的样品，经过上述任一种方法处理后，既可直接用气相色谱法分析，也可用气相色谱 - 质谱分析。

6. 质量控制

（1）在处理任何样品之前，分析者应通过试剂水空白的分析来证明所有的玻璃器皿和试剂均无干扰物。每次处理一套样品时，应做一个方法空白实验以作为防止经常的实验霉污染的措施。在样品制备和测量的所有阶段都应进行空白样品实验。

（2）在合适的测量方法中规定应将代用标准加到所有的样品中。

（3）每批分析样品中（最多达 20 个样品）必须进行试剂空白、基体加标样和平行双样或基体加标平行双样的分析。

（4）对于 GC 或 GC - MS 分析，分析系统的性能必须用分析质量控制（QC）校核样品来验证。

①挥发性有机物质量控制校核样品：将含有每种欲测定的分析物的质量控制校核样品的浓溶液添加至试剂水中（规定为 QC 校核样品），并用气提 - 捕集方法制备。质量控制校核样品中每个待测物的浓度为 20 μg/L。

②半挥发性有机物质量控制校核样品：为了评价分析方法的性能，QC 校核样品必须用与实际样品完全相同的方法处理。因此，在 4 个 1 L 试剂水中各添加 1.0 mL QC 校核样品浓溶液提取，然后用 QC 分析。可用 QC 分析的各种半挥发性待测物，QC 校核样品浓溶液的浓度对于不同的分析方法，其浓度是不同的。不同的方法，QC 校核样品浓溶液的浓度如下。

测定酚类：QC 校核样品浓溶液应含有各个待测物，其浓度为 100 μg/mL 的 2 - 丙醇溶液。

测定酞酸酯:QC 校核样品浓溶液应含有下列各种待测物,在丙酮中的浓度为丁基苄基酞酸酯 10 μg/mL、双(2 - 乙基己基)酞酸酯 50 μg/mL、二正辛基酞酸酯 50 μg/mL 和 25 μg/mL 的其他酞酸酯。

测定有机氯农药和多氯联苯 PCBs:QC 校核样品浓溶液应含有下列每一单组分的待测物,在丙酮中的浓度为 4,4′ - DDD 10 μg/mL、4,4′ - DDT 10 μg/mL、硫丹 Ⅱ 10 μg/mL、硫丹硫酸盐 10 μg/mL、任何其他单组分农药的浓度为 2 μg/mL。若方法只用来分析 PCBs、氯丹或毒杀芬,QC 校核样品浓溶液应含有最有代表性的多组分物质,浓度为 50 μg/mL 的丙酮溶液。

测定硝基芳烃类和环酮类:QC 校核样品浓溶液应含有下列每一种待测物,在丙酮中的浓度为 20 μg/mL 任一种二硝基甲苯、100 μg/mL 异佛尔酮和硝基苯。

测定多环芳烃:QC 校核样品浓溶液应含有下列每一种待测物,在乙腈中的浓度为萘 100 μg/mL、苊烯 100 μg/mL、苊 100 μg/mL、芴 100 μg/mL、菲 100 μg/mL、蒽 100 μg/mL、苯并(k)荧蒽 5 μg/mL、任何其他 PAH 10 μg/mL。

测定氯代烃:QC 校核样品浓溶液应含有下列每一种待测物,在丙酮中的浓度为六氯取代烃类 10 μg/mL、任何其他的氯代烃 100 μg/mL。

7. 方法性能

(1)代用标准的回收是用来监控非正常的基体效应及样品处理问题等的。基体加标化合物的回收可指明非正常基体效应的存在与否。

(2)本法的性能将由样品制备结合分析测定方法的全部性能所决定。

分液漏斗液 - 液萃取法

1. 方法适用范围

本法介绍从水溶液中或经制备后的底质水溶液中分离有机物的步骤。本法也为相应测定方法所制备的提取液提供了适用的浓缩技术。

在准备用各种色谱方法时,本法可应用于在水中不溶和在水中微溶的有机物的分离和浓缩。

2. 方法摘要

取量好体积的样品,通常为 1 L,在规定的 pH(见表 8-6)下,在分液漏斗中用二氯甲烷进行逐次提取,提取物干燥、浓缩后,必要时,更换为与用于净化或测定步骤一致的溶剂。

3. 干扰及消除

参见"底质中有机物的提取和样品的制备方法概述"。

4. 仪器和设备

(1)分液漏斗:2 L,具聚四氟乙烯活塞。

(2)干燥柱:20 mm 内径,硬质玻璃色谱柱在底部带有硬质玻璃棉和聚四氟乙烯活塞。注意:烧结玻璃圆盘在高度污染的提取物通过之后很难脱污,可购买无烧结圆盘的柱子。用一个小的硬质玻璃棉垫保持吸附剂。在用吸附剂装柱之前,用 50 mL 丙酮预先洗玻璃棉垫,然后用 50 mL 的洗提溶液洗净。

（3）K–D 装置。

①浓缩管:10 mL,具刻度。磨口玻璃塞用于防止提取物的挥发。

②蒸发烧瓶:500 mL,用弹簧连接在浓缩管上。

③Snyder 柱:三球常量。

④Snyder 柱:二球微量。

不同测定方法的具体提取条件如表 8-6 所示。

表 8-6　不同测定方法的具体提取条件

测定成分	初始提取 pH	第二次提取 pH	分析要求更换溶剂	净化要求更换溶剂	净化要求提取物体积（mL）	分析要求最终提取物体积（mL）	
酚类[a]	<2	无	2–丙醇	己烷	1.0	1.0	10.0
酞酸酯类	同收集的 pH	无	己烷	己烷	2.0		10.0
有机氯农药、PCB 类	5~9	无	己烷	己烷	10.0		10.0
硝基芳烃类和环酮类	5~9	无	己烷	己烷	2.0	1.0	
多环芳烃类	同收集的 pH	无	无	环己烷	2.0	1.0	
氯代烃类	同收集的 pH	无	己烷	己烷	2.0	1.0	
有机磷农药类	6~8	无	己烷	己烷	10.0	10.0	
半挥发性有机物(GC–MS[b],填充柱)	>11	<2	无	—	—	1.0	
半挥发性有机物(GC–MS,毛细柱)	>11	<2	无	—	—	1.0	
二噁英类和多环芳烃类	同收集的 pH	无	乙腈	—	—	1.0	

注: a. 酚类的具体分析方法参见《固体废弃物试验分析评价手册》8040 方法。用 1.0 mL 2–丙醇提取液作 GC(FID) 法测定。方法 8040 也包括用于酚类的供选择的衍生方法,所得衍生物萃入 10 mL 己烷,用 GC(ECD)分析。

　b. GC–MS 的特性是提取液不需要净化。如果要求净化,可参见"样品的净化方法"中关于净化方法的指导。

（4）沸石:溶剂提取过的,大约 10/40 目(碳化硅或同等物)。

（5）水浴:加热用的,带同心圆圈盖。可控温度(±5 ℃)。水浴应在通风橱中使用。

（6）小瓶:玻璃制,2 mL 容量,具聚四氟乙烯衬里的螺旋盖。

（7）pH 试剂:pH 范围包括所要提取的 pH。

（8）锥形烧瓶:250 mL。

（9）注射器:5 mL。

（10）量筒：1 L。

5. 试剂

①试剂水：定义为在欲测定化合物的方法检测限内观测不到干扰物的水。

②氢氧化钠溶液：10 mol/L。溶解 40 g 氢氧化钠于试剂水中，并稀释至 100 mL。

③无水硫酸钠：粒状（置于浅盘中在 400 ℃加热 4 h 进行纯化）。

④硫酸溶液（1:1）：慢慢地将 50 mL 浓 H_2SO_4（密度为 1.84 g/cm³）加到 50 mL 试剂水中。

⑤提取或更换溶剂：二氯甲烷、己烷、2 - 丙醇、环己烷、乙腈（农药级或相当规格）。

6. 样品的采集、保存和处理

参见"样品的处理和保存"。

7. 步骤

（1）用 1 L 量筒，量取 1 L 样品并移入分液漏斗中。加入 1.0 mL 代用标准溶液至所有的样品、加标溶液和空白溶液中。在每批分析样品选做加标的样品中，加入 1.0 mL 基体加标溶液。对于碱性或中性、酸性待测物的分析，所加入的代用标准溶液和基体加标溶液的量，应使其在欲分析的提取液中（假定注射 1 μL）的最终浓度为：每种碱性或中性待测物为 100 ng/μL，每种酸性待测物为 200 ng/μL。若使用凝胶渗透净化法，应加入 2 倍体积的代用标准溶液和基体加标溶液，因为有一半的提取物由于 GPC 柱的载荷而损失。

（2）用广范围 pH 试纸检查样品的 pH，必要时，将 pH 调至表 8-6 所示用于分析提取物的具体测定方法所需的 pH。

（3）在分液漏斗中加入 60 mL 二氯甲烷。

（4）密闭分液漏斗，用力振摇 1~2 min，并间歇地排气以放出过大的压力。

注意：二氯甲烷很快地产生过大的压力，因此初次排气应在分液漏斗密闭并摇动一次后立即进行。

（5）让有机层与水相分离至少需 10 min，若两层间的乳浊液界面大于溶剂层的1/3，分析者需采用机械技术来完成相分离。最佳技术依样品而定，可能包括搅拌、通过玻璃棉过滤乳浊液、离心或其他物理方法。收集溶剂提取物至锥形烧瓶中。若乳浊液不能破坏（二氯甲烷的回收率 <80%，校正二氯甲烷在水中的溶解度），转移样品、溶剂及乳浊液至一个连续萃取器的萃取室中，并按连续液 - 液萃取法进行操作。

（6）用一份新的溶剂再重复萃取两次（见步骤（3）~（5）），合并 3 次溶剂提取液。

（7）若需进一步调节 pH 并提取，将水相的 pH 调节至表 8-6 所示的 pH。如步骤（3）~（5）所述，用 60 mL 二氯甲烷连续提取 3 次，收集、合并提取液，并适当地标明合并的提取液。

（8）若进行 GC - MS 分析，酸性、碱性或中性提取物可在浓缩之前合并。但在某些情况下，分别浓缩和分析酸性、碱性或中性提取物更为可取（例如，若为法规目的，必须测定低浓度的特殊酸性、碱性或中性化合物的存在与否，用分别萃取分析则更加合理）。

（9）将 10 mL 浓缩管连接在 500 mL 蒸发烧瓶上组装成 K - D 浓缩器。

（10）将提取液通过装有约 10 cm 高的无水硫酸钠干燥柱干燥。将干燥的提取液收集在 K - D 浓缩器中,用 20 ~ 30 mL 的二氯甲烷洗涤含有溶剂提取物的锥形烧瓶,并将其定量地转移至干燥柱中。

(11)加一两粒干净的沸石至烧瓶中,装上一支三球 Snyder 柱。加大约 1 mL 的二氯甲烷至柱顶上以预湿 Snyder 柱。将 K - D 装置放在热水浴上(80 ~ 90 ℃),使浓缩管部分浸于热水之中,并使整个烧瓶的下部表面可被热蒸汽加热。按需要调整装置的垂直位置和水温,以使其能在 10 ~ 20 min 内完成浓缩,在合适的蒸馏速度下,柱球中有大量液体流动,但球室不注满液体。当液体的表观体积达到 1 mL 时,将 K - D 装置从水浴上移出,让液体流下,冷却至少 10 min。

(12)若需要更换溶剂(如表8-6所示),立即取下 Snyder 柱,加 50 mL 更换的溶剂和新的沸石。重新装上 Snyder 柱,浓缩提取物,必要时提高水浴温度以保持正常的蒸馏。

(13)取下 Snyder 柱,用 1 ~ 2 mL 二氯甲烷或更换溶剂冲洗烧瓶及其下部接头,溶剂流入浓缩管中。若硫结晶成为难题,可按硫的净化方法进行净化。

(14)若在表8-6中表明需要进一步浓缩,则另加干净的沸石至浓缩管中,并装上 Snyder 柱。加 0.5 mL 二氯甲烷或更换溶剂至柱顶上以预湿柱子。将 K - D 装置放在热水浴中,使浓缩管部分浸入热水中。按需要调整装置的垂直位置和水温,以使在 5 ~ 10 min 内完成浓缩。在正常的蒸馏速度下,柱球将有大量液体流动,但球室不会注满液体。当液体表观体积达到 0.5 mL 时,将 K - D 装置从水浴中移出,并让液体流下,冷却至少 10 mL。卸下 Snyder 柱,用 0.2 mL 的提取溶剂冲洗烧瓶及其下部接头,溶剂流入浓缩管中。按表 8-6所示,用溶剂最后体积调至 1.0 ~ 2.0 mL。

(15)从(13) ~ (15)所得的提取液即可用各种有机分析技术来分析待测物的含量。若不立即分析提取液,盖紧浓缩管,冷冻贮存。若提取液要存放 2 d 以上,则应将其转入一个具聚四氟乙烯密封的螺旋盖的小瓶中,并适当地标明。

8. 质量控制

(1)任何试剂空白或基体加标样品所用的分析方法,与实际样品所用的那些步骤完全相同。

(2)质量控制步骤同"底质中有机物的提取和样品的制备方法概述"中关于提取和样品制备步骤。

连续液 - 液萃取法

1. 方法的运用范围

本方法是为萃取溶剂的比重大于样品而设计的,连续萃取装置适用于比重比样品小的萃取溶剂。分析者在应用此法萃取样品前,必须证明任一种这样的自动萃取装置的有效性。

2. 方法摘要

将量好体积的样品,一般是 1 L,放于连续液 - 液萃取器中,如需要,调节到规定的 pH(见表 8-6),用有机溶剂提取 18 ~ 24 h。提取液干燥、浓缩,如果需要,更换为与所用测定方法相一致的溶剂。

3. 干扰及消除

参见"底质中有机物的提取和样品的制备方法概述"。

4. 仪器和设备

(1)连续液－液萃取器:配以聚四氟乙烯或玻璃活塞,要求不涂油。

(2)～(7)见前述"底质中有机物的提取和样品的制备方法概述"中的相关内容。

(8)加热套:用变阻器控制。

(9)注射器:5 mL。

(10)量筒:1 L。

5. 试剂

见前述"分液漏斗液－液萃取法"的5。

6. 步骤

(1)用1 L量筒量取1 L(标称)样品或底质的提取液,转移到连续液－液萃取器中,用广范围pH试纸校核并调节样品的pH,必要时,按表8-6所示调节pH。吸取1.0 mL代用标准加标溶液至每一试样,放入萃取器中充分混匀(参见"底质中有机物提取和样品的制备概述"中关于代用标准液和基体加标溶液的说明)。对于选择用做加标的每一批分析样品,加入1.0 mL的基体加标溶液。对于碱性或中性、酸性待测物的分析,加入样品中的代用标准溶液和基体加标溶液的量,应使其在欲分析的提取液中(假设进样1 μL)的最终浓度为:每种碱性或中性待测物为100 μg/mL,提取物中每种酸性待测物为200 ng/mL。若使用凝胶渗透净化法,应加入2倍体积的代用标准溶液和基体加标溶液,因为有一半的提取物会由于GPC柱的载荷而损失。

(2)加300～500 mL二氯甲烷至蒸馏烧瓶中,加几粒沸石至烧瓶中。

(3)加足够的试剂水至萃取器中,以保证正确地连续提取18～24 h。

(4)让其冷却,然后取下烧瓶。

(5)一边搅拌,一边小心地用(1+1)硫酸调节水相的pH小于2,在连续液－液萃取器上连接一个干净的蒸馏瓶,用含有500 mL的二氯甲烷提取18～24 h,让其冷却,取下蒸馏瓶。

(6)～(13)见"分液漏斗液－液萃取法"中7.(8)～(15)。

索氏提取法

1. 方法的适用范围

(1)本方法是从固体样品如土壤、污泥和废水中提取非挥发性和半挥发性有机物的方法。索氏提取法保证了样品基体与提取液的密切接触。

(2)在制备各种色谱方法中用的样品时,本法可用于分离和浓缩水不溶性和水微溶性有机物。

2. 方法摘要

固体样品与无水硫酸钠混合,置于提取套筒或2个玻璃棉塞之间,在索氏提取器中用适当的溶剂提取,提取液干燥后,浓缩,必要时,更换溶剂使与净化或测定步骤所用的相一致。

3. 干扰及消除

参见"底质中有机物的提取和样品的制备方法概述"。

4. 仪器和设备

(1)索氏提取器。40 mm 内径,带 500 mL 圆底烧瓶。

(2)～(6)见"分液漏斗液－液萃取法"的 4.(2)～(6)。

(7)玻璃或纸套筒,玻璃棉:无污染物质。

(8)加热套:可控制的变阻器。

(9)注射器:5 mL。

(10)测定水分百分率的仪器:烘干用的烤箱,干燥器,瓷做的坩埚。

(11)研磨仪器:若样品不能通过 1 mm 标准筛或不能从 1 mm 孔道流出,则需通过研磨器研磨均匀,以满足这些要求。

5. 试剂

(1)试剂水。试剂水定义为在欲测定化合物的方法检测限内检测不出干扰物的水。

(2)硫酸钠。粒状,无水(用二氯甲烷洗涤,然后置于浅盘中在 400 ℃加热 4 h 进行纯化)。

(3)提取溶剂:土壤或沉积物和水性污泥样品应采用以下溶剂体系的任一种进行提取:

①甲苯与甲醇体积比为 10:1,农药级或相当规格。

②丙酮与己烷体积比为 1:1,农药级或相当规格。

其他样品应采用二氯甲烷(农药级或相当规格)溶剂提取。

(4)更换溶剂:己烷、2－丙醇、环己烷、乙腈(农药级或相当规格)。

6. 样品的采集、保存和处理

参见前述"样品的处理和保存"。

7. 步骤

(1)样品处理。

①沉积物或土壤样品:倾泻弃去沉积物样品上面的水层。充分混合样品,尤其是复合样品,弃去任何异物如树枝、叶片和岩石。

②废弃样品:样品若包含多相,应在萃取前按相分离法进行制备。本操作步骤只用于固体。

③适合于研磨的干燥废物样品:研磨或再细分废物,使其能通过 1 mm 筛目或能通过一个 1 mm 孔流出。将足够样品倒入研磨器中,使经研磨后至少能得到 10 g 样品。

(2)测定水分百分率。

在某些情况下样品结果是要求以干重计,若需要这种数据,则应该在称取做分析测定用的样品的同时称取一份样品和水分测定。

在称取用于提取的样品之后,立即称取 5～10 g(准确到 0.001 g)的样品于一个称重过的坩埚中,在 105 ℃烘干过夜以测定其水分百分率。在称重前放于干燥器中冷却。

$$水分百分率 = \frac{样品重(g) - 干燥样品重(g)}{样品重(g)} \times 100\%$$

（3）将 10 g 固体样品和 10 g 无水硫酸钠混合，放于提取套管中。在提取过程中套管须自由地沥干。在索氏提取器中，样品的上下两端装有玻璃棉塞可以代替提取套管。加 1.0 mL 的代用标准加标液于样品上。在每批分析样品选作加标的样品中，加入 1.0 mL 的基体加标标准液。对于碱性或中性、酸性待测物的分析，所加入的代用标准溶液和基体加标溶液的量，应使其在欲分析的提取液中（假定注射 1 μL）的最终浓度：每种碱性或中性待测物为 100 ng/μL，每种酸性待测物为 200 ng/μL。若使用凝胶渗透净化方法，应加入 2 倍体积的代用标准溶液和基体加标溶液，因为有一半的提取物由于 GPC 柱的载荷而损失。

（4）在含有 1~2 粒干净沸石的 500 mL 圆底烧瓶中加入 300 mL 提取溶剂，将烧瓶连接在提取器上，提取样品 16~24 h。如果是鱼类等生物样品须延长提取时间。

（5）在提取完成后让提取液冷却。

（6）~（12）见"分液漏斗液－液萃取法"中相关部分。但须用 100~125 mL 的提取溶剂洗涤提取器烧瓶和硫酸钠柱，以完成定量转移。

超声波提取法

1. 方法的适用范围

（1）本方法是从固体如土壤、污泥和废物中提取非挥发性和半挥发性有机物的方法。声波作用过程保证了样品基体和提取溶剂的密切接触。

（2）基于样品中有机物的预计浓度，本法分为两部分。低浓度方法（单个有机组分 ≤ 20 mg/kg）用较大的样品量和更严格的提取步骤（浓度较低提取更难）。高浓度方法（单个有机组分 > 20 mg/kg）简单得多，因而提取比较快速。

2. 方法摘要

（1）低浓度方法。使 30 g 样品和无水硫酸钠混合形成自由流动的粉末。用超声波提取溶剂 3 次。用真空过滤或离心使提取液与样品分离。提取液即可用于净化和（或）浓缩后分析。

（2）高浓度方法。使 2 g 样品与无水硫酸钠混合形成自由流动的粉末。使用超声波提取溶剂 1 次。取出一份提取液作净化和（或）分析。

3. 干扰及消除

参见"底质中有机物的提取和样品的制备方法概述"。

4. 仪器和设备

（1）研磨仪器。

（2）超声波器：应采用喇叭形带金属钛探头的超声波器，也可应用超声波细胞破碎器。

（3）声呐箱：用以降低空化声。

（4）测定水分百分率的仪器：见"索化提取法"4.（10）。

（5）巴斯德玻璃移液管：一次性使用的，1 mL。

（6）烧杯：400 mL。

（7）真空过滤装置、布氏漏斗和滤纸。

（8）～（10）见"分液漏斗液－液萃取法"的4.（3）～（5）。

（11）天平：能准确称量到0.01 g。

（12）小瓶和盖：2 mL用于GC自动进样器。

（13）玻璃闪烁小瓶：至少20 mL，带螺旋盖和聚四氟乙烯或铝箔衬里。

（14）刮勺：不锈钢或聚四氟乙烯制。

（15）干燥管：见"分液漏斗液－液萃取法"中的4.（2）。

（16）注射器：5 mL。

5. 试剂

（1）硫酸钠：无水，试剂级，在400 ℃加热4 h，置干燥器中冷却，贮存于玻璃瓶中。

（2）提取溶剂：二氯甲烷与丙酮体积比1∶1，二氯甲烷、己烷（农药级或相当规格）。

（3）更换溶剂：己烷、2－丙醇、环己烷、乙腈（农药级或相当规格）。

6. 样品的采集、保存和处理

见前述"样品的处理和保存"。

7. 步骤

（1）样品处理。见"索氏提取法"中的7.（1）。

（2）水分百分率的测定。见"索氏提取法"中的7.（2）。

（3）测定pH（如果需要）。将50 g（准确称至0.01 g）样品放入100 mL烧杯中。加50 mL水搅拌1 h。边搅拌边用玻璃电极和pH计测定样品pH。弃去这份样品。

（4）预计含有低浓度有机物和农药（≤20 mg/kg）样品的提取方法。

①下列步骤应迅速操作以避免较多挥发性可提取物的损失。称取约30 g的样品于400 mL烧杯中。记录质量至0.1 g。非多孔的或湿样品（胶状或黏土型），即非自由流动的沙状结构必须用一支刮铲将样品与60 g无水硫酸钠混合。样品在此时应该是自由流动的。加1 mL的代用标准溶液至所有的样品、加标物和空白（见"底质中有机物的提取和样品的制备概述"中关于代用标准溶液和基体加标溶液的说明）。在每批分析样品选做加标的样品中，加入1.0 mL基体加标溶液。对于碱性或中性、酸性待测物的分析，所加入的代用标准溶液和基体加标溶液的量，应使其在欲分析的提取液中（假定进样1 μL）的最终浓度为每种碱性或中性待测物为100 ng/μL，每种酸性待测物为200 ng/μL。若使用凝胶渗透净化方法，应加入2倍体积的代用标准溶液和基体加标溶液，因为有一半的提取液由于GPC柱的载荷而损失。立即加入100 mL 1∶1的二氯甲烷和丙酮。

②将207 3/4 in（1 in＝2.540 m）破碎器喇叭尖端的下部表面放于溶剂表面以下约1/2 in，但在沉积层之上。

③超声振荡3 min，将输出控制键调至10，方式键放于脉冲挡，且百分功率循环键置于50%。不要使用微型尖探头。

④用真空过滤法将提取液倾析至滤纸上过滤或用离心法倾泻提取溶剂。

⑤用另外两份100 mL溶剂重复提取2次或更多次。在每次超声振荡之后,倾泻出提取溶剂。在最后一次超声振荡中,将整个样品倒入布氏漏斗中,并用提取溶剂冲洗。

⑥~⑧见"分液漏斗液－液萃取法"中的7.(9)~(11)。但是用100~125 mL的提取溶剂洗涤萃取器的烧瓶和硫酸钠柱以达到定量转移。

⑨将浓缩的提取液转移至一个干净的螺旋盖小瓶中。用聚四氟乙烯衬垫的盖密封小瓶,在小瓶上对水平面做记号,标明样品号和提取物的部分,在4 ℃下贮存于暗处。

(5)预计含有高浓度有机物(>20 mg/kg)样品的提取方法。

①转移大约2 g(记录的质量准确至0.001 g)的样品至20 mL小瓶中。用一块薄纸擦净小瓶口,以除去任何样品。记录所取样品的准确质量。在进行下一个样品之前盖上小瓶以避免任何交叉污染。

②向置于20 mL小瓶中的样品加入2 g无水硫酸钠,充分混匀。

③将代用标准加至所有的样品加标物和空白之中(见"底质中有机物的提取和样品的制备概述"中关于代用标准溶液和基体加标溶液的详细介绍)。加2.0 mL的基体加标溶液至混合样中。对选作加标的每批分析样品中加入2.0 mL的基体加标溶液。对碱性或中性、酸性待测物的分析,在被分析的提取液中(假定进样1 μL)所加入的代用标准溶液和基体加标溶液的量,应使每种碱性或中性待测物的最后浓度为200 ng/μL,每种酸性待测物为400 ng/μL。若使用凝胶渗透净化方法,应加入2倍体积的代用标准溶液和基体加标溶液,因为有一半的提取物由于GPC柱的载荷而损失。

④考虑代用标准溶液和基体加标溶液所加的体积,立即加入所需的溶剂的量以调整最终体积为10.0 mL。采用1/8 in锥形的微型尖头超声探头破碎样品约2 min,输出控制调在5,波型转换开关放在脉冲挡上和50%占空因素。萃取溶剂为非极性化合物,即有机氯农药和多氯联苯的萃取溶剂为己烷;可提取的优先污染物为二氯甲烷。

⑤用2~3 cm硬质玻璃棉塞疏松地填充在一次性使用的巴斯德移液管中,通过玻璃棉以过滤提取液,若要求进一步浓缩,收集5.0 mL于浓缩管中。按"分液漏斗液－液萃取法"中浓缩步骤的介绍,通常将5.0 mL萃取液浓缩至1.0 mL。

⑥根据共萃取的干扰程度,决定提取液是否可以用做净化或分析。

底质等固体试样稀释法

1.方法的适用范围

(1)本法介绍在净化和(或)分析之前的非水固体样品的溶剂稀释。它是为有机物含量大于20 000 mg/kg,且可溶于稀释溶剂中的废物而设计的。

(2)推荐取一部分稀释的样品用于净化。

2.方法摘要

称取1 g样品于一个具盖的试管中,用合适的溶剂将样品稀释至10.0 mL。

3.干扰及消除

参见"底质中有机物的提取和样品的制备方法概述"。

4. 仪器和设备

(1)闪烁计数用玻璃小瓶:至少20 mL,带聚四氟乙烯或铝箔衬里的螺旋盖。

(2)刮勺:不锈钢或聚四氟乙烯制。

(3)天平:能够称量100 g,准确到0.001 g。

(4)小瓶和盖:2 mL,用于GC自动进样。

(5)一次性使用的移液管。

(6)试管架。

(7)硬质玻璃棉。

(8)容量瓶:10 mL(任选)。

5. 试剂

(1)硫酸钠:粒状,无水(在浅盘中于400 ℃加热4 h纯化过)。

(2)溶剂:二氯甲烷和己烷(农药级或相当规格)。

6. 样品的采集、保存和处理

参见"样品的处理和保存"。

7. 步骤

(1)多相组成的样品应在提取前用相分离方法进行制备。

(2)样品稀释可在10 mL容量瓶中进行。最好用一次性使用的玻璃器皿,20 mL闪烁计数用小瓶,可校正后使用。只要吸取10.0 mL的萃取溶剂于闪烁计数小瓶中,并在弯月面的底部做记号。放出此溶液。

(3)每相转移约1 g(记录质量准确至0.001 g)样品,转移至各个20 mL小瓶或10 mL容量瓶中。用薄纸擦净小瓶口,以除去任何样品物质。在进行下一个样品之前盖上小瓶盖以避免交叉污染。

(4)在所有的样品和空白中加入代用加标溶液。对于每批选作加标的样品,加入2.0 mL基体加标溶液,对于碱性或中性、酸性待测物的分析,在被分析的提取液中(假定进样1 μL)所加入代用标准溶液和基体加标溶液的量应使每种碱性或中性待测物的最后浓度为200 ng/μL,每种酸性待测物的浓度为400 ng/μL。若使用凝胶渗透净化法,应加入2倍体积的代用标准溶液和基体加标溶液,因为有一半的提取物由于GPC柱的载荷而损失。

(5)立即用合适的溶剂稀释至10 mL。对于利用GC(ECD)法分析的化合物,例如,有机氯农药和多氯联苯类,稀释溶剂应该是己烷。对于碱性或中性、酸性半挥发性优先监测污染物,应用二氯甲烷,若稀释液要用凝胶渗透色谱法净化,使用二氯甲烷作为所有化合物的稀释溶剂。

(6)加2.0 g的无水硫酸钠至样品中。

(7)加盖并振摇样品2 min。

(8)用2~3 cm玻璃棉塞疏松地填塞在一次性使用的巴斯德移液管中。通过玻璃棉过滤提取液,收集5 mL的提取液于试管或小瓶中。

(9)制备好的提取液用于净化或分析取决于共萃取的干扰程度。

(三)样品的净化方法

由于底质、污泥、固体废物等试样基体比较复杂,使用(二)中的方法制备试样后,一般还需要净化后测定,才能消除基体成分干扰,得出准确的分析数据。

1. 方法的适用范围

1)概述

将萃取液注射到气相或液相色谱仪中会造成无关的色谱峰,峰的分辨率和柱效的恶化,以及检测器灵敏度的下降,并能严重地缩短昂贵的色谱柱的寿命。吸附柱净化、酸碱分配净化、凝胶渗透净化技术已应用于萃取液的净化。根据共萃取物的性质和范围可以单独地使用或以不同的组合方式使用这些技术。

如果萃取物未经进一步处理就能直接测定,例如一些水样,这是很少见的情况。底质、污泥、土壤和废弃物提取液经常需要组合使用几种净化方法。例如,当分析有机氯农药和PCBs时,就有必要使用凝胶渗透色谱法(GPC)以除去高沸点物质和用微型氧化铝柱或硅酸镁载体柱以消除在GC(ECD)上待测物色谱峰的干扰。

2)主要方法

①吸附柱色谱法:氧化铝、硅酸镁载体和硅胶,对将极性范围比较窄的待测物与不同极性的无关干扰峰分离是有用的。

②酸-碱分配法:对于从中性有机物分离酸性或碱性有机物是有用的。此法已应用于诸如氯苯氧除草剂和酚类等分析物。

③凝胶渗透色谱法(GPC):对于广泛范围的半挥发性有机物和农药是最通用的净化技术。此法能够从样品待测物中分离相对分子质量高的物质,并已成功地应用于与美国环境保护局主要污染物和特级危害性物质目录有关的所有半挥发性碱性、中性和酸性化合物。GPC通常不适用于消除色谱图上干扰欲测物质的无关色谱峰。

④硫净化:从样品萃取液中清除硫可消除硫对欲测定物质的色谱干扰。

⑤表8-7列出了推荐用于各化合物组的净化技术。此资料也可以作为那些未列出的化合物的指导。在化学性质上与这些化合物组类似的化合物应该有类似的洗脱图形。

2. 方法摘要

参见具体净化方法关于操作步骤的摘要。

3. 干扰及消除

(1)溶剂、试剂、玻璃器皿和其他处理样品的器件中的污染物可能会引起分析干扰。必须在分析条件下,通过做实验室试剂空白的实验,证明这些物质无干扰。

(2)除已述方法外,可能需要其他更多的方法用于试剂纯化。

4. 仪器和设备

参见具体的净化方法所需的仪器和设备。

5. 试剂

参见具体净化方法所需的试剂。

推荐用于各种化合物组的净化技术如表8-7所示。

表 8-7　推荐用于各种化合物组的净化技术

分析物组	测定方法[①]	供选择的净化方法
酚类	8040	3630[②]、3640、3650、8040[③]
酞酸酯类	8060	3610、3620、3640
亚硝胺类	8070	3610、3620、3640
有机氯农药和 PCBs	8080	3620、3640、3660
硝基芳香族类和环酮类	8090	3620、3640
多环芳香烃类	8100	3611、3630、3640
氯化烃类	9120	3620、3640
有机磷农药类	8140	3620、3640
氯化除草剂类	8150	8150[④]
优先考虑的半挥发性污染物	8250、8270	3640、3650、3660
石油废弃物	8250、8270	3611、3650

注:①GC – MS 方法对所有待测物组也是合适的测定方法,除非需要较低的检测限。

②净化可用于衍生的酚类。

③包括一个衍生技术,继续以 GC(ECD)分析,若遇到干扰应用 GC(FID)分析。

④结合酸碱净化步骤作为方法的整体部分。

6. 步骤

(1)在使用净化操作步骤之前,样品应进行溶剂萃取。根据底质、污泥或废弃物的物理组成和基体中欲测定的分析物可选择合适的萃取方法。对于一些有机液体,在净化之前可能不需要萃取。

(2)在多数情况下,可用一种测定方法分析所萃取的样品。若欲测定的分析物由于干扰而不能测定,就要进行净化。

(3)许多测定方法规定了当测定特定分析物时应使用的净化方法。例如:酞酸酯的气相色谱法,若干扰物妨碍分析时,推荐使用氧化铝柱净化或硅酸镁载体柱净化。但在测定中选择净化方法,分析者的经验是非常宝贵的。为了保证正确的分析测定,许多基体可能需要使用多种净化方法。

(4)净化的原则将在以下各方法中予以阐述。在最终测定之前净化所需的萃取物的量取决于萃取步骤和测定方法的选择性以及所要求的检测限。

(5)净化之后,样品将浓缩至测定方法所需要的体积。

氧化铝柱净化法和酸 – 碱分配净化法如下所述。

氧化铝柱净化法

1. 方法的适用范围

(1)范围。

氧化铝是一种多孔的粒状物质。可在 3 个 pH 范围(碱性、中性、酸性)应用于柱色谱法中。它可用于从不同化学极性的干扰化合物中分离出待测物。

(2)一般应用。

①碱性(B)pH(9~10)可净化碱性和中性化合物。对于碱、醇类、烃类、甾族化合物类、生物碱类、天然颜料等是稳定的。缺点是可引起聚合、缩合和脱水反应,不能用丙酮或乙酸乙酯作为洗脱液。

②中性(N)可净化醛类、酮类、醌类、酯类、内酯类、配糖物。缺点是比碱性形式活性小很多。

③酸性(A)pH(4~5)可净化酸性颜料(天然的和合成的)、强酸类(在不同情况下对中性和碱性氧化铝有化学吸附)。

④活性等级:酸性、碱性或中性氧化铝根据 Brockmann 标准,通过向第Ⅰ级中(在400~450 ℃加热至不再失水来制备)加水可以制备成不同的活性等级(Ⅰ~Ⅴ)。

Brockmann 标准要求:

a. 加入水量(%):0,3,6,10,15;

b. 活性等级:Ⅰ,Ⅱ,Ⅲ,Ⅳ,Ⅴ;

c. RF(对氨基偶氮苯):0.0,0.13,0.25,0.45,0.55。

(3)特殊应用。

本法可应用于含有酞酸酯类和亚硝胺类的样品提取物的净化。对于用氧化铝柱净化石油废物,参见酸-碱分配净化法。

2. 方法摘要

用所需量的吸附剂装填柱。上部装填吸水剂,然后负载待分析的样品。用合适的溶剂以实现待测物的洗脱,使干扰化合物留于柱上,然后浓缩洗脱液。

3. 干扰及消除

(1)在使用此方法之前,对欲测定的化合物应作试剂空白。在将此法应用于实际样品之前,干扰量必须低于方法检测限。

(2)除本法中所述外的其他更多的方法对试剂纯化可能是需要的。

4. 仪器和设备

(1)色谱柱:300 mm×10 mm 内径,底部有硬质玻璃棉和聚四氟乙烯活塞。

注意:烧结的玻璃圆盘在通过严重污染的提取物之后是很难去污的。可购买无烧结圆盘柱,用一个硬质玻璃棉小垫来保护吸附剂。在用吸附剂填充柱之前,先用 50 mL 丙酮,然后用 50 mL 的洗脱溶剂预洗玻璃棉垫。

(2)烧杯:500 mL。

(3)试剂瓶:500 mL。

(4)马弗炉。

(5)~(8)见"分液漏斗液-液萃取法"中的4.(3)~(6)。

(9)锥形烧瓶:50 mL 和 250 mL。

5. 试剂

(1)硫酸钠(ACS):粒状,无水(在浅盘中于 400 ℃加热 4 h 予以纯化)。

(2)洗脱溶剂。

①二乙醚:农药级或相当规格。

a. 必须无过氧化物,用 EM Quant 检验条。

b. 清除过氧化物所推荐的方法配有检验条。净化之后,必须在每升醚中加入 20 mL 乙醇保存。

②甲醇、戊烷、己烷、二氯甲烷:农药等级或相当规格。

(3) 氧化铝。

①酞酸酯提取液的净化:中性氧化铝,活性为 Super I。为使用作准备,将 100 g 的氧化铝放入 500 mL 烧杯中,并在 400 ℃ 加热大约 16 h。在加热后,转入 500 mL 试剂瓶中。密封并冷却至室温。当冷却时,加 3 mL 试剂水。摇荡或转动 10 min 使其充分混合,放置至少 2 h,使瓶紧密地封闭。

②亚硝胺提取液的净化:碱性氧化铝,活性为 Super I。为使用作准备,将 100 g 的氧化铝放入 500 mL 试剂瓶中并加 2 mL 试剂水,摇荡或转动 10 min 使其充分混合,放置至少 2 h,使瓶紧密地封闭以确保原来的活性。

(4) 试剂水。

试剂水定义为在欲测定化合物的方法检测限内检测不到干扰物的水。

6. 步骤

(1) 酞酸酯类。

①在净化之前,将样品提取液的体积减少至 2 mL。萃取溶剂必须为己烷。

②将 10 g 氧化铝放入色谱柱中装实氧化铝,加 1 cm 的无水硫酸钠至顶部。

③用 40 mL 己烷预先洗提柱子。所有的洗脱速度应约为 2 mL/min,弃去洗脱液,并在硫酸钠层刚要暴露于空气之前,定量地转移 2 mL 样品提取液至柱上,使用另外的 2 mL 乙烷使全部转移。在硫酸钠层刚好暴露于空气之前,加 35 mL 的己烷继续洗提柱子。弃去此己烷洗脱液。

④然后用 140 mL 乙醚 – 己烷溶液(1:4,体积比)洗脱柱子,流入一个装配一支 10 mL 浓缩管的 500 mL K – D 瓶中。浓缩收集到的级分。不需要更换溶剂。调整净化的提取液的体积至所需的体积并分析。在此级分中洗脱的化合物如下:双(2 – 乙基己基)酞酸酯、丁基苄苯基酞酯、二正丁基酞酸酯、二乙基酞酸酯、二甲基酞酸酯、二正辛基酞酸酯。

(2) 亚硝胺类。

①在净化之前,将样品提取液减少至 2 mL。

②二苯胺若存在于原始样品的提取液中,必须将其从亚硝胺类中分离出来,以便应用此方法测定 N – 亚硝基二苯胺。

③将 12 g 氧化铝制剂装入 10 mm 内径色谱柱中。轻敲柱以填实氧化铝,并加 1 ~ 2 cm 的无水硫酸钠至柱顶。

④用 10 mL 乙醚 – 戊烷(3:7,体积比)预洗脱柱。弃去洗脱液(约 2 mL),并在硫酸钠层刚好暴露于空气之前,定量转移 2 mL 样品提取液至柱上,用另外 2 mL 戊烷完成定量转移。

⑤在硫酸钠层刚好暴露于空气之前,加 70 mL 乙醚 – 戊烷(3:7,体积比),弃去最先的 10 mL 洗脱液,收集以后的洗脱液于装有 10 mL 浓缩管的 500 mL K – D 瓶中。此级分

含有 N - 亚硝基二正丙胺。

⑥然后,用 60 mL 乙醚 - 戊烷(1:1,体积比)洗脱柱,收集洗脱液于第二个装有 10 mL 浓缩管的 500 mL K - D 瓶中。加 15 mL 甲醇至 K - D 瓶中。此级分含 N - 亚硝基二甲胺、绝大部分 N - 亚硝基二正丙胺和存在的任何二苯胺。

⑦浓缩这两级分,但使用戊烷来预湿 Snyder 柱,当仪器冷却后,移开 Snyder 柱并用 1 ~ 2 mL 的戊烷冲洗瓶和它的下部接头,流入浓缩管中。调整最终体积至合适的测定方法所需之体积。分析此级分。

酸 - 碱分配净化法

1. 方法的适用范围

酸 - 碱分配净化法是一个液 - 液分配法,应用调节 pH 从碱性或中性待测物中分离出酸性待测物。本法可用于在氧化铝净化前作石油废物的净化。

2. 方法摘要

溶剂提取物用强碱性的水振摇。酸性待测物即分配进入水层中,而碱性和中性化合物乃存于有机溶剂中。碱性或中性物质被浓缩备作进一步净化,如需要,将水层酸化并用有机溶剂萃取。将此提取液浓缩,备作酸性待测物的分析。

3. 干扰及消除

同"氧化铝柱净化法"中的干扰及消除。

4. 仪器和设备

(1)分液漏斗:125 mL,带聚四氟乙烯活塞。

(2) ~ (7)见"分液漏斗液 - 液萃取法"的 4. (2) ~ (7)。

(8)锥形瓶:125 mL。

5. 试剂

(1)试剂水:试剂水的定义为在欲测定的化合物的方法检测限内不被检测到干扰物的水。

(2)10 mol/L 氢氧化钠溶液:40 g 氢氧化钠溶于试剂水中,并稀释至 100 mL。

(3)硫酸钠:粒状,无水(在浅盘中于 400 ℃加热 4 h 进行纯化)。

(4)硫酸溶液(1:1):缓慢加入 50 mL 硫酸(密度为 1.84 g/mL)至 50 mL 试剂水中。

(5)溶剂:丙酮、甲醇、乙醚、二氯甲烷(农药级或相当规格)。

6. 步骤

(1)向分液漏斗中放入欲净化的 10 mL 萃取物或有机废液。

(2)加 20 mL 二氯甲烷至分液漏斗中。

(3)加 20 mL 试剂水并用氢氧化钠调节 pH 至 12 ~ 13。

(4)密封并振摇分液漏斗 1 ~ 2 min,并不时放气以释放过高压力。

注意:二氯甲烷会迅速产生过高的压力,因此第一次放气应在分液漏斗密封磨口塞并振荡一次后立即进行。

(5)让有机层与水层分离至少需放置 10 min。若两层之间的乳浊液界面多于溶剂层量的 1/3,分析者必须使用机械技术来完成相同的分离。最佳技术依据样品而定,可能包括搅拌、乳浊液通过玻璃棉过滤、离心或其他物理方法。

(6)分离水相并转移至一个 125 mL 锥形瓶中,用每份 20 mL pH 为 12~13 的新的试剂水,重复萃取 2 次以上。合并水相萃取液。

(7)此时待测物可能在有机相及(或)水相中。有机酸类和酚类在水相中,而碱或中性待测物将在有机溶剂中。若待测物只在水相中,弃去有机相并按上述(3)操作。若待测物在有机相中,弃去水相并按下述(8)操作。

(8)转移水相至一个干净的分液漏斗中。用硫酸溶液调节水层至 pH 为 1~2。加 20 mL 的二氯甲烷至分液漏斗中,并摇荡 2 min。让溶剂从水相中分离并收集溶剂于锥形烧瓶中。

(9)加第二份 20 mL 的二氯甲烷至分液漏斗中,在 pH 为 1~2 时重新进行第二次萃取,将萃取物合并于锥形烧瓶中。按同样操作方法进行第三次萃取。

(10)在 500 mL 蒸发瓶上连接 10 mL 浓缩管以装配 K-D 浓缩器。

(11)将萃取物通过一个含有大约 10 cm 无水硫酸钠的干燥管以干燥萃取物。收集干燥的萃取物于 K-D 浓缩器中。用 20 mL 二氯甲烷洗净含溶剂萃取物的锥形烧瓶和柱子,以完成定量转移。

(12)向瓶中加 1~2 块沸石,并装上一个三球常量 Snyder 柱。加约 1 mL 二氯甲烷至柱顶预湿 Snyder 柱。将 K-D 装置放于热水浴(60~65 ℃)上,使浓缩管部分浸于热水之中,并且瓶的整个底圆表面可被热蒸汽加热。调节装置的垂直位置和所需水温,以使浓缩在 15~20 min 内完成。在合适的蒸馏速度下,柱球将有液体不断流动,但球室内将不会充满液体。当液体的表观体积达 1 mL 时,从水浴上移出 K-D 装置,让液体流下,冷却至少 10 min。取下 Snyder 柱,并用 1~2 mL 的萃取溶剂洗净瓶及其下部接头,流入浓缩管中。

(13)另加 1~2 块沸石至浓缩管中并装上一支二球微量 Snyder 柱。向柱顶加 0.5 mL 二氯甲烷预湿柱子。将 K-D 装置放于热水浴上(95~100 ℃),从而使浓缩管部分浸于热水中。调整装置的垂直位置和所需水温,以使浓缩在 5~10 min 内完成。在合适的蒸馏速度下,柱球将有液体不断流动,但球室内将不会充满液体。当液体的表观体积达 0.5 mL,从水浴上移出 K-D 装置,让液体流下,冷却至少 10 min。取下 Snyder 柱,并用 0.2 mL 的萃取溶剂洗净瓶及其下部接头,流入浓缩管中。用溶剂调整最后体积至 1.0 mL。

(14)该酸级分现在即可用做分析。若是碱性或中性萃取物,将用氧化铝柱净化法进一步净化石油废物,该萃取物必须更换为己烷。在 1 mL 碱性或中性萃取物中应加入 5 mL 己烷(溶剂更换),应用微量 K-D 装置,将此混合物重新浓缩至 1 mL。若碱性或中性萃取物不需要作进一步的净化,可直接用做分析。

实验部分

水质分析实验是水质分析与监测课程的重要组成部分,也是学习本课程的一个重要环节。它的主要目的是:通过实验,巩固并加深对水质分析监测中基本概念和基本方法的理解;掌握水质分析中化学实验的基本操作和技能,学会正确地使用基本仪器测量实验数据,正确地处理实验数据和表达实验结果;掌握常用水质指标的检验方法;培养学生独立思考、分析问题、解决问题的能力和创新能力;培养学生实事求是、严谨认真的科学态度,整洁、卫生的良好习惯,为学生继续学好后续课程及今后参加实际工作和开展科学研究打下良好的基础。

实验的学习方法:要完成好化学实验,必须抓好预习、实验和实验报告三个环节。

一、预习

(1)阅读实验教材及参考文献资料中的有关内容。

(2)明确实验目的和原理。

(3)了解实验的内容、步骤、操作过程和注意事项。

(4)认真写好预习报告。预习报告包括目的、原理(反应式)、实验步骤和注意事项等。预习报告应简明扼要,不要照抄书本。实验前将预习报告交指导教师检查,预习合格者才允许进行实验。

二、实验

(1)实验过程中要正确认真地操作、细心观察、独立思考,要及时、准确、如实记录实验现象和数据。

(2)保持肃静,遵守规则,注意安全,整洁节约。

(3)实验完毕,洗净仪器,整理药品及实验台。

(4)将实验结果和记录交指导教师查阅,达到要求,且经指导教师同意方能离开实验室。

三、实验报告

实验结束后,要独立完成实验报告,及时交给指导教师批阅。要严格根据实验记录,对实验现象作出解释,写出有关反应式;或根据实验数据进行处理和计算,作出结论,并对实验中的问题进行讨论。

书写实验报告要求语言简洁明了,文字表达清楚,字迹端正,整齐清洁,否则,必须重新完成实验报告。

实验报告应包括以下内容。

(1)实验目的和原理。

（2）实验步骤。尽量采用表格、框图、符号等形式清晰明了地表示。

（3）实验现象和数据记录。实验现象要表达正确、全面,数据记录完整。

（4）解释、结论或数据计算。根据现象作出简明解释,写出主要反应方程式,分内容作出小结或最后得出结论。若有数据计算则必须将所依据的公式和主要数据表达清楚;必要时应与文献数据进行比较。

（5）问题讨论。针对本实验中遇到的疑难问题,提出自己的见解或收获,也可对实验方法、教学方法、实验内容等提出自己的意见。必要时对存在问题及失败原因进行恰当的分析。

实验一　试剂配制

一、目的和要求

规范操作,掌握基本技能。

二、试剂及仪器

万分之一天平,移液管,酸碱滴定管。

三、试剂的配制

1. 0.010 0 mol/L 碳酸钠标准溶液

溶解 1.060 g 预先在 105 ~ 110 ℃ 干燥至恒重的基准无水碳酸钠(Na_2CO_3 ,优级纯,粉末),并转入 1 000 mL 容量瓶中,用不含 CO_2 的水(即煮沸后的冷却水,余同)稀释至标线。

2. 甲基橙(0.1%)

1.0 g 甲基橙用 500 mL 水溶解,转至棕色试剂瓶中。

3. HCl 标准溶液(0.02 mol/L)

取 8.3 mL 浓盐酸至 1 000 mL 容量瓶中,得到 0.1 mol/L 储存液。取此溶液 200 mL 用不含 CO_2 的水稀释至 1 000 mL。取 Na_2CO_3 标准溶液 10 ~ 25 mL,加甲基橙 3 滴,用 HCl 标定 Na_2CO_3 标准溶液由黄变红,计用量,换算出盐酸的精确浓度。

(待测盐酸装入酸式滴定管, Na_2CO_3 标准溶液装入锥形瓶)

4. 0.02 mol/L NaOH 标准溶液

称取约 8 g NaOH,溶解,并转入 1 000 mL 容量瓶中定容,取 10 mL 于 100 mL 容量瓶中定容。

取已标定 HCl 标准溶液 10 ~ 25 mL 入锥形瓶,加酚酞 2 滴,用稀释的待测 NaOH 滴定,溶液由无色至出现红色,且 30 s 不褪色,计用量。

5. 酚酞

取 0.5 g 酚酞溶于 95% 的乙醇中,定容至 100 mL。

6. 1 200 mg/L COD_{Cr}

每克邻苯二甲酸氢钾的理论 COD_{Cr} 为 1.176 g。溶解 0.510 1 g 邻苯二甲酸氢钾(晶体,105~110 ℃烘干2 h)于重蒸馏水中,转入500 mL容量瓶,用重蒸馏水稀释至标线,使之成为1 200 mg/L的COD_{Cr}标准溶液,用时新配。

7. 催化剂

25 mL移液管准确量取专用催化剂25 mL于250 mL容量瓶中,用浓硫酸定容至标线,摇匀,备用。

注意:所用试剂均为实验所需,由每组之间相互配合,不得使用其他试剂。

四、思考题

标定后的溶液浓度的计算。

实验二 污水中酸度和碱度的测定

一、目的和要求

(1)了解酸度和碱度的基本概念。
(2)掌握酸度和碱度的测定方法。

二、原理

水中酸度和碱度均是衡量水质的重要指标。

(一)酸度

酸度是指水中含有能与强碱发生中和作用的物质的总量,主要来自水样中存在的强酸、弱酸和强酸弱碱盐等物质。酸度采用氢氧化钠标准溶液滴定水样测得。通常把用甲基橙作为指示剂滴定的酸度(pH=4.3)称为甲基橙酸度或强酸酸度;用酚酞作为指示剂滴定的酸度(pH=8.3)称为酚酞酸度或总酸度。

(二)碱度

碱度是指水中含有能与强酸发生中和作用的全部物质,主要来自水样中存在的碳酸盐、重碳酸盐及氢氧化物等。碱度可用盐酸标准溶液进行滴定,其反应为:

$$OH^- + H^+ \rightarrow H_2O$$
$$CO_3^{2-} + H^+ \rightarrow HCO_3^-$$
$$HCO_3^- + H^+ \rightarrow H_2O + CO_2 \uparrow$$

用酚酞作为指示剂的滴定结果称为酚酞碱度,表示氢氧化物已经中和,CO_3^{2-}全部转化为HCO_3^-。以甲基橙作为指示剂的滴定结果称为甲基橙碱度或总碱度。通过计算可以求出相应的碳酸根、重碳酸根和氢氧根离子的含量,但由于废水、污水等组分复杂,这种计算是没有实际意义的。

酸度和碱度单位常用mg/L表示,现在常以碳酸钙的mg/L表示。此时1 mg/L的酸度或碱度相当于50.05 mg/L的碳酸钙。

三、实验步骤

(一)酸度的测定

1. 酚酞酸度

取 50.0 mL 水样于 250 mL 锥形瓶中,加入 2 滴酚酞指示剂,以 0.020 mol/L 氢氧化钠溶液滴定至溶液呈粉红色,保持半分钟不褪色,准确读出消耗氢氧化钠溶液的体积(V_1)。

2. 甲基橙酸度

取 50.0 mL 水样于 250 mL 锥形瓶中,加入 2 滴甲基橙指示剂,用 0.020 mol/L 氢氧化钠溶液滴定至溶液呈黄色,准确读出消耗氢氧化钠溶液的体积(V_2)。

(二)碱度的测定

吸取 50.0 mL 水样于 250 mL 锥形瓶中,加入 2 滴酚酞指示剂,以 0.020 0 mol/L 盐酸滴定至溶液粉红色刚褪去,准确读出消耗盐酸溶液的体积(V_3),随后再加入 2 滴甲基橙指示剂,继续用盐酸滴定至溶液呈橙红色,准确读出消耗盐酸的体积(V_4)。

四、数据处理

(一)酸度

$$酚酞酸度(以 CaCO_3 计)(mg/L) = \frac{V_1 \times c_{NaOH} \times 50.05 \times 1\,000}{V}$$

$$甲基橙酸度(以 CaCO_3 计)(mg/L) = \frac{V_2 \times c_{NaOH} \times 50.05 \times 1\,000}{V}$$

式中 V_1——酚酞作为指示剂时,NaOH 标准溶液的耗用量, mL;

      V_2——甲基橙作为指示剂时,NaOH 标准溶液的耗用量, mL;

      c_{NaOH}——NaOH 标准溶液浓度,mol/L;

      V——水样体积, mL;

      50.05——$\frac{1}{2}$CaCO_3 摩尔质量,g/mol。

(二)碱度

$$酚酞碱度(以 CaCO_3 计)(mg/L) = \frac{V_3 \times c_{HCl} \times 50.05 \times 1\,000}{V}$$

$$总碱度(以 CaCO_3 计)(mg/L) = \frac{(V_3 + V_4) \times c_{HCl} \times 50.05 \times 1\,000}{V}$$

式中 V_3——酚酞作为指示剂时,盐酸标准溶液的耗用量,mL;

      V_4——甲基橙作为指示剂时,盐酸标准溶液的耗用量,mL;

      c_{HCl}——盐酸标准溶液浓度,mol/L;

      V——水样体积,mL;

      50.05——$\frac{1}{2}$CaCO_3 摩尔质量,g/mol。

五、注意事项

（1）水样（尤其是废水和受污染的水）的酸度及碱度范围很广,测定时样品和试剂的用量、浓度不能统一规定。表1列出在不同酸度和碱度范围可供选择的标准溶液的浓度和样品量。

（2）也可用电位滴定法测定酸度和碱度,结果以 pH 和酸、碱消耗量作图计算得到。此法不受余氯、色度、浊度的干扰,并可消除个人感官误差。

（3）水样中若有余氯存在,会使甲基橙褪色,可加少量 0.1 mol/L 硫代硫酸钠除去。

表1　不同酸度和碱度范围可选择的标准溶液的浓度和样品量

样品范围（以 $CaCO_3$ 计,mg/L）	滴定标准溶液浓度（mol/L）	样品量（mL）
0 ~ 500	0.020 0	100
400 ~ 1 000	0.020 0	50
500 ~ 1 250	0.050 0	100
1 000 ~ 2 500	0.050 0	50
1 000 ~ 2 500	0.100 0	100
2 000 ~ 5 000	0.100 0	50
4 000 ~ 10 000	0.100 0	25

（4）以酚酞作为指示剂进行酸度滴定时,若水样中存在硫酸铝（铁）,可生成氢氧化铝（铁）沉淀物,使终点褪色造成误差,这时可加些氟化钾掩蔽或将水样煮沸 2 min,趁热滴定至红色不褪去。

本实验的水质指标应做平行测定。

六、思考题

1. 采集的水样如不立即进行酸度和碱度测定而长期暴露于空气中,对测定有何影响?

2. 影响酸度和碱度测定的因素有哪些?

实验三　废水中 COD 的测定

化学需氧量（COD）是指在强酸并加热条件下,用重铬酸钾作为氧化剂处理水样时所消耗氧的量,以每升多少毫克氧来表示。化学需氧量反映了水受还原性物质污染的程度,水中还原性物质包括有机物、亚硝酸盐、亚铁盐、硫化物等。水被有机物污染是很普遍的,因此化学需氧量可作为有机物相对含量的指标之一,但只能反映被氧化的有机物的污染状况,不能反映多环芳烃、PCB、二噁英等类有机物的污染状况。COD_{Cr} 是我国实施排放总量控制的指标之一。水样的化学需氧量,可由于加入氧化剂的种类、反应溶液的酸度、反应温度和时间,以及催化剂的有无而获得不同的结果。因此,化学需氧量也是一个条件性指标,必须严格按操作步骤进行。

对于废水中 COD 的测定,我国规定用重铬酸钾法,其测得的值称为化学需氧量。国外也有用高锰酸钾、臭氧、羟基自由基作氧化剂的方法体系。如果使用,必须与重铬酸钾法做对照实验,求出相关系数,以重铬酸钾法上报监测数据。

一、重铬酸钾法

(一)方法原理

在强酸性溶液中,用一定量的重铬酸钾氧化水样中的还原性物质,过量的重铬酸钾以试亚铁灵作指示剂,用硫酸亚铁铵标准溶液回滴,根据硫酸亚铁铵的用量算出水样中还原性物质消耗氧的量。

(二)干扰及消除

酸性重铬酸钾氧化性很强,可氧化大部分有机物,加入硫酸银作催化剂时,直链脂肪族化合物可完全被氧化,而芳香族有机物却不易被氧化,吡啶不被氧化,挥发性直链脂肪族化合物、苯等有机物存在于蒸气相,不能与氧化剂液体接触,氧化不明显。氯离子能被重铬酸盐氧化,并且能与硫酸银作用产生沉淀,影响测定结果,故在回流前向水样中加入硫酸汞,使其成为络合物以消除干扰。氯离子含量高于 1 000 mg/L 的样品应先作定量稀释,使含量降低至 1 000 mg/L 以下,再行测定。

(三)方法的适用范围

用浓度为 0.25 mol/L 的重铬酸钾溶液可测定大于 50 mg/L 的 COD 值,未经稀释的水样的测定上限是 700 mg/L,用浓度为 0.025 mol/L 的重铬酸钾溶液可测定 5 ~ 50 mg/L 的 COD 值,但低于 10 mg/L 时测量准确度较差。

(四)仪器

(1)回流装置:带 250 mL 锥形瓶的全玻璃回流装置(如取样量在 30 mL 以上,采用 500 mL 锥形瓶的全玻璃回流装置)。

(2)加热装置:变阻电炉。

(3)50 mL 酸式滴定管。

(五)试剂

(1)重铬酸钾标准溶液($1/6K_2Cr_2O_7$,0.250 0 mol/L):称取预先在 120 ℃烘干 2 h 的基准或优质纯重铬酸钾 12.258 g 溶于水中,移入 1 000 mL 容量瓶中,稀释至标线,摇匀。

(2)试亚铁灵指示液:称取 1.485 g 邻菲啰啉($C_{12}H_8N_2 \cdot H_2O$)、0.695 g 硫酸亚铁($FeSO_4 \cdot 7H_2O$)溶于水中,稀释至 100 mL,贮于棕色瓶内。

(3)硫酸亚铁铵标准溶液[$(NH_4)_2Fe(SO_4)_2 \cdot 6H_2O$,约 0.1 mol/L]:称取 39.5 g 硫酸亚铁铵溶于水中,边搅拌边缓慢加入 20 mL 浓硫酸,冷却后移入 1 000 mL 容量瓶中,加水稀释至标线,摇匀。临用前,用重铬酸钾标准溶液标定。

(4)硫酸 – 硫酸银溶液:于 2 500 mL 浓硫酸中加入 25 g 硫酸银。放置 1 ~ 2 d,不时摇动使其溶解(如无 2 500 mL 容器,可在 500 mL 浓硫酸中加入 5 g 硫酸银)。

(5)硫酸汞:结晶或粉末。

(六)标定方法

准确吸取 10.00 mL 重铬酸钾标准溶液于 500 mL 锥形瓶中,加水稀释至 110 mL 左右,缓慢加入 30 mL 浓硫酸,混匀。冷却后,加入 3 滴试亚铁灵指示液(约 0.15 mL),用硫酸亚铁铵溶液滴定,溶液的颜色由黄色经蓝绿色至红褐色即为终点。

$$c\left[(NH_4)_2Fe(SO_4)_2\right] = \frac{0.2500 \times 10.00}{V}$$

式中　c——硫酸亚铁铵标准溶液的浓度,mol/L;

　　　V——硫酸亚铁铵标准溶液的体积,mL。

(七)测定步骤

(1)取 20.00 mL 混合均匀的水样(或适量水样稀释至 20.00 mL)置于 250 mL 磨口的回流锥形瓶中,准确加入 10.00 mL 重铬酸钾标准溶液及数粒洗净的玻璃珠或沸石,连接磨口回流冷凝管,从冷凝管上口慢慢地加入 30 mL 硫酸 – 硫酸银溶液,轻轻摇动锥形瓶使溶液混匀,加热回流 2 h(自开始沸腾时计时)。

对于化学需氧量高的废水样,可先取上述操作所需体积 1/10 的废水样和试剂于 15 mm×150 mm 硬质玻璃试管中,摇匀,加热后观察是否变成绿色。如溶液显绿色,再适当减少废水取样量,直至溶液不变绿色为止,从而确定废水样分析时应取用的体积。稀释时,所取废水样量不得少于 5 mL,如果化学需氧量很高,则废水样应多次逐级稀释。

(2)废水中氯离子含量超过 30 mg/L 时,应先把 0.4 g 硫酸汞加入回流锥形瓶中,再加 20.00 mL 废水(或适量废水稀释至 20.00 mL),摇匀。以下操作同上。

(3)冷却后,用 90 mL 水从上部慢慢冲洗冷凝管壁,取下锥形瓶。溶液总体积不得少于 140 mL,否则因酸度太大,滴定终点不明显。

(4)溶液再度冷却后,加 3 滴试亚铁灵指示液,用硫酸亚铁铵标准溶液滴定,溶液的颜色由黄色经蓝绿色至红褐色即为终点,记录硫酸亚铁铵标准溶液的用量。

(5)测定水样的同时,以 20.00 mL 重蒸馏水,按同样的操作步骤作空白试验。记录测定空白时硫酸亚铁铵标准溶液的用量。

(八)计算

$$COD_{Cr}(O_2, mg/L) = \frac{(V_0 - V_1)c \times 8 \times 1000}{V}$$

式中　c——硫酸亚铁铵标准溶液的浓度,mol/L;

　　　V_0——滴定空白时硫酸亚铁铵标准溶液的用量,mL;

　　　V_1——滴定水样时硫酸亚铁铵标准溶液的用量,mL;

　　　V——水样的体积,mL;

　　　8——$\frac{1}{2}$O$_2$ 摩尔质量,g/mol。

(九)注意事项

(1)使用 0.4 g 硫酸汞络合氯离子的最高量可达 40 mg,如取用 20.00 mL 水样,即最高可络合氯离子浓度为 2 000 mg/L 的水样。若氯离子浓度较低,亦可少加硫酸汞。若出现少量氯化汞沉淀,并不影响测定。

(2)水样取用体积可在 10.00～50.00 mL,但试剂用量及浓度需按表 2 进行相应调整,也可得到满意的结果。

（3）对于化学需氧量小于 50 mg/L 的水样,应改用 0.025 0 mol/L 重铬酸钾标准溶液。回滴时用 0.01 mol/L 硫酸亚铁铵标准溶液。

（4）水样加热回流后,溶液中重铬酸钾剩余量以加入量的 1/5 ~ 4/5 为宜。

（5）用邻苯二甲酸氢钾标准溶液检查试剂的质量和操作技术时,由于每克邻苯二甲酸氢钾的理论 COD_{Cr} 为 1.176 g,所以溶解 0.425 1 g 邻苯二甲酸氢钾于重蒸馏水中,转入 1 000 mL 容量瓶,用重蒸馏水稀释至标线,使之成为 500 mg/L 的 COD_{Cr} 标准溶液。用时新配。

表 2　水样取用量和试剂用量

水样体积 （mL）	0.250 0 mol/L $K_2Cr_2O_7$ 溶液 （mL）	$H_2SO_4 - Ag_2SO_4$ 溶液 （mL）	$HgSO_4$ （g）	$(NH_4)_2Fe(SO_4)_2$ 溶液（mol/L）	滴定前总体积 （mL）
10.0	5.0	15	0.2	0.050	70
20.0	10.0	30	0.4	0.100	140
30.0	15.0	45	0.6	0.150	210
40.0	20.0	60	0.8	0.200	280
50.0	25.0	75	1.0	0.250	350

（6）COD_{Cr} 的测定结果应保留三位有效数字。

（7）每次实验时,应对硫酸亚铁铵标准溶液进行标定,室温较高时尤其注意其浓度的变化。标定方法也可采用如下操作:于空白实验滴定结束后的溶液中,准确加入 10.00 mL 0.250 0 mol/L 重铬酸钾溶液,混匀,然后用硫酸亚铁铵标准溶液进行滴定。

（8）回流冷凝管不能用软质乳胶管,否则容易老化、变形,冷却水不通畅。

（9）用手摸冷却水时不能有温暖感,否则测定结果偏低。

（10）滴定时不能激烈摇动锥形瓶,瓶内试液不能溅出水花,否则影响测定结果。

二、分光光度法

（一）方法原理

在强酸性溶液中,加入一定量重铬酸钾作氧化剂,在专用复合催化剂存在下,于 165 ℃恒温加热消解水样 10 min,重铬酸钾被水中有机物还原为三价铬,在波长 610 nm 处,测定三价铬离子。根据三价铬离子的量换算成水样的质量浓度。

水中的化学需氧量同消解后样品的吸光度存在一定的线性关系,$y = bx + a$。通过最小二乘法原则确定待测液浓度。

（二）实验步骤

1. 标准曲线的绘制

（1）取专用反应管 6 只做好标记,分别加入 0,0.1,0.5,1.0,2.0,3.0 mL 邻苯二甲酸氢钾标准溶液,相应 COD 理论值为 0,40,200,400,800,1 200 mg/L;

（2）用纯水将各反应管依次补足至 3 mL;

(3)每支反应管加配制后氧化剂 1 mL;

(4)在各反应管中垂直快速加入催化剂 5.0 mL,如发现溶液上下液色不均,可加盖摇匀,否则将引起加热过程中溶液溅飞;

(5)将反应管置入仪器加热,温度升至 164.5 ℃按下消解键(消解指示灯亮),10 min恒温消解,仪器发出蜂鸣指示水样已消解充分;

(6)取出水样,置于试管架上 1~2 min 后,放入冷水盆中冷却至室温;

(7)每支反应管加入纯水 3.0 mL 盖塞摇匀,操作完成后,冷却至室温,准备进行光度测定。

2.待测样

吸取 3 mL 混合均匀的水样(或适量水样稀释至 3 mL)置于专用反应管中,加入 1 mL专用氧化剂,摇匀;垂直快速加入 5 mL 催化剂,消解过程同上。

3.光度测定

在波长 610 mm 处,用 30 mm 比色皿,以水为参比液,测定吸光度并做空白校正。

实验过程如表 3 所示。

表3　实验过程

试剂	1	2	3	4	5	6	7
COD(mL)	0	0.1	0.5	1.0	2.0	3.0	
纯水(mL)	3	2.9	2.5	2.0	1.0	0	
待测液(mL)							3.0
氧化剂(mL)	1.0						
催化剂(mL)	5.0 (快速垂直)						
纯水(mL)	3.0						

注:1.浓硫酸使用时应小心。

2.氧化剂是上次配制的,不能用试剂瓶中原液。

3.消解不加盖。

三、思考题

1.为什么需要做空白实验?

2.化学需氧量测定时,有哪些影响因素?

实验四　磷(总磷、可溶性正磷酸盐和可溶性总磷)的测定

在天然水体和废水中,磷几乎都以各种磷酸盐的形式存在。磷酸盐有正磷酸盐、缩合磷酸盐(焦磷酸盐、偏磷酸盐和多磷酸盐)和有机磷(如磷脂等),它们存在于溶液、腐殖质粒子或水生生物中。

一般天然水中磷酸盐含量不高。化肥、冶炼、合成洗涤剂等行业的工业废水及生活污

水中常含有较大量磷。磷是生物生长必需的元素之一。但水体中磷含量过高(如超过0.2 mg/L),可造成藻类的过度繁殖,甚至数量上达到有害程度(称为富营养化),造成湖泊、河流透明度降低,水质变坏。磷是评价水质的重要指标。

(1)方法选择。

水中磷的测定,通常按其存在的形式可分别测定总磷、可溶性正磷酸盐和可溶性总磷酸盐,如图 1 所示。

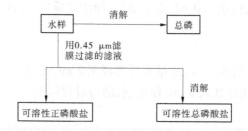

图 1　测定水中各种磷的流程

可溶性正磷酸盐的测定可采用离子色谱法、钼 - 锑 - 抗分光光度法、氯化亚锡还原钼蓝法(灵敏度较低,干扰也较多),而孔雀绿 - 磷钼杂多酸法是灵敏度较高且容易普及的方法。罗丹明 6G(Rh6G)荧光分光光度法灵敏度最高。

(2)样品的采集与保存。

总磷的测定,于水样采集后,加硫酸酸化至 pH≤1 保存。可溶性正磷酸盐的测定,不须加任何保存剂,于 2 ~ 5 ℃冷处保存,在 24 h 内进行分析。

一、水样的预处理——过硫酸钾消解法

采集的水样立即经 0.45 μm 微孔滤膜过滤,其滤液供可溶性正磷酸盐测定。滤液经下述强氧化剂的氧化分解,测得可溶性总磷酸盐。取混合水样(包括悬浮物),也经下述强氧化剂分解,测得水中总磷含量。

(一)仪器

医用手提式高压蒸汽消毒器或一般民用压力锅, 1 ~ 1.5 kg/cm², 电炉 2 kW,2 kVA 0 ~ 220 V 调压器,50 mL(磨口)具塞刻度管。

(二)试剂

5% 过硫酸钾溶液:溶解 5 g 过硫酸钾于水中,并稀释至 100 mL。

(三)步骤

(1)吸取 25.0 mL 混匀水样(必要时,酌情少取水样,并加水至 25 mL,使磷含量不超过 30 μg)于 50 mL 具塞刻度管中,加过硫酸钾溶液 4 mL,加塞后管口包一小块纱布并用线扎紧,以免加热时玻璃塞冲出。将具塞刻度管放在大烧杯中,置于高压蒸汽消毒器或压力锅中加热,待锅内压力达 1.1 kg/cm²(相应温度为 120 ℃)时,调节电炉温度使其保持此压力,30 min 后停止加热,待压力表指针降至零后,取出放冷。如溶液混浊,则用滤纸过滤,洗涤后定容。

(2)试剂空白和标准溶液系列也经同样的消解操作。

(四)注意事项

(1)如采样时水样用酸固定,则用过硫酸钾消解前将水样调至中性。

(2)一般用民用压力锅,在加热至顶压阀出气孔冒气时,锅内温度约为 120 ℃。

(3)当不具备压力消解条件时,也可在常压下进行,操作步骤如下:

分别取适量混匀水样(含磷不超过 30 μg)于 150 mL 锥形瓶中,加水至 50 mL,加数粒玻璃珠,加 1 mL(3 + 7)硫酸溶液,5 mL 5% 过硫酸钾溶液,置电热板或可调电炉上加热煮沸,调节温度使其保持微沸 30 ~ 40 min,至最后体积为 10 mL。放冷,加 1 滴酚酞指示剂,滴加氢氧化钠溶液至刚呈微红色,再滴加 1 mol/L 硫酸溶液使红色褪去,充分摇匀。如溶液不澄清,则用滤纸过滤于 50 mL 比色管中,用水洗锥形瓶及滤纸,一并移入比色管中,加水至标线,供分析用。

二、钼 – 锑 – 抗分光光度法

(一)方法原理

在酸性条件下,正磷酸盐与钼酸铵、酒石酸锑氧钾反应,生成磷钼杂多酸,被还原剂抗坏血酸还原,则变成蓝色络合物,通常即称磷钼蓝。

(二)干扰及消除

砷含量大于 2 mg/L 有干扰,可用硫代硫酸钠除去。硫化物含量大于 2 mg/L 有干扰,在酸性条件下通氮气可以除去。六价铬大于 50 mg/L 有干扰,用亚硫酸钠除去。亚硝酸盐大于 1 mg/L 有干扰,用氧化消解或加氨磺酸均可以除去。铁浓度为 20 mg/L,使结果偏低 5%;铜浓度达 10 mg/L 不干扰;氟化物小于 70 mg/L 也不干扰。水中大多数常见离子对显色的影响可以忽略。

(三)方法的适用范围

本方法适用于测定地表水、生活污水及化工、磷肥、机械加工金属表面磷化处理、农药、钢铁、焦化等行业的工业废水中的正磷酸盐分析。

本方法最低检出浓度为 0.01 mg/L(吸光度 $A = 0.01$ 时所对应的浓度);检测上限为 0.6 mg/L。

(四)仪器

分光光度计。

(五)试剂

(1)(1 + 1)硫酸。

(2)10% 抗坏血酸溶液:溶解 10 g 抗坏血酸于水中,并稀释至 1 000 mL。该溶液贮存在棕色玻璃瓶中,在约 4 ℃ 可稳定几周。如颜色变黄,则弃去重配。

(3)钼酸盐溶液:溶解 13 g 钼酸铵($(NH_4)_6Mo_7O_{24} \cdot 4H_2O$)于 100 mL 水中。溶解 0.35 g 酒石酸锑氧钾($K(SbO)C_4H_4O_6 \cdot 1/2H_2O$)于 100 mL 水中。

在不断搅拌下,将钼酸铵溶液徐徐加到 300 mL(1 + 1)硫酸中,加酒石酸锑氧钾溶液并且混合均匀。贮存在棕色的玻璃瓶中于约 4 ℃ 保存,至少稳定两个月。

(4)浊度—色度补偿液:混合两份体积的(1 + 1)硫酸和一份体积的 10% 抗坏血酸溶液。此溶液当天配制。

（5）磷酸盐贮备溶液：将优级纯磷酸二氢钾于 110 ℃ 干燥 2 h，在干燥器中放冷。称取 0.219 7 g 溶于水，移入 1 000 mL 容量瓶中。加（1＋1）硫酸 5 mL，用水稀释至标线。此溶液每毫升含 50.0 μg 磷（以 P 计）。

（6）磷酸盐标准溶液：吸取 10.00 mL 磷酸盐贮备液于 250 mL 容量瓶中，用水稀释至标线。此溶液每毫升含 2.00 μg 磷，临用时现配。

（六）步骤

（1）校准曲线的绘制。

取数支 50 mL 具塞比色管，分别加入磷酸盐标准使用液 0，0.50，1.00，3.00，5.00，10.0，15.0 mL，加水至 50 mL。

①显色：向比色管中加入 1 mL 10% 抗坏血酸溶液，摇匀。30 s 后加 2 mL 钼酸盐溶液充分摇匀，放置 15 min。

②测量：用 10 mm 或 30 mm 比色皿，于 700 nm 波长处，以空白溶液作参比，测量吸光度。

（2）样品测定。

分取适量经滤膜过滤或消解的水样（使含磷量不超过 30 μg）加入 50 mL 比色管中，用水稀释至标线。按绘制校准曲线的步骤进行显色和测量。减去空白溶液的吸光度，并从校准曲线上查出含磷量。

（七）计算

$$磷酸盐（P,mg/L） = \frac{m}{V}$$

式中　　m——由校准曲线查得的磷量，μg；

　　　　V——水样体积，mL。

（八）注意事项

（1）如试样中色度影响测量吸光度时，需做补偿校正。在 50 mL 比色管中，分取与样品测定相同量的水样，定容后加入 3 mL 浊度补偿液，测量吸光度，然后从水样的吸光度中减去校正吸光度。

（2）室温低于 13 ℃ 时，可在 20～30 ℃ 水浴中显色 15 min。

（3）操作所用的玻璃器皿，可用（1＋5）盐酸浸泡 2 h，或用不含磷酸盐的洗涤剂刷洗。

（4）比色皿用后应以稀硝酸或铬酸洗液浸泡片刻，以除去吸附的钼蓝有色物。

实验五　总氮的测定

大量生活污水、农田排水或含氮工业废水排入水体，使水中有机氮和各种无机氮化物含量增加，生物和微生物类的大量繁殖，消耗水中溶解氧，使水体质量恶化。湖泊、水库中含有超标的氮、磷类物质时，造成浮游植物繁殖旺盛，出现富营养化状态。因此，总氮是衡量水质的重要指标之一。

（1）方法选择。

总氮测定方法通常采用过硫酸钾氧化，使有机氮和无机氮化合物转变为硝酸盐后，再以紫外法、偶氮比色法,以及离子色谱法或气相分子吸收法进行测定。

(2)样品保存。

水样采集后,用硫酸酸化到 pH < 2,在 24 h 内进行测定。

本书中选择过硫酸钾氧化紫外分光光度法测定总氮。

一、方法原理

在 60 ℃以上的水溶液中,过硫酸钾按如下反应式分解,生成氢离子和氧。

$$2K_2S_2O_8 + 2H_2O \rightarrow 4KHSO_4 + O_2$$
$$KHSO_4 \rightarrow K^+ + HSO_4^-$$
$$HSO_4^- \rightarrow H^+ + SO_4^{2-}$$

加入氢氧化钠溶液,使过硫酸钾分解完全。

在 120 ~ 124 ℃的碱性介质条件下,用过硫酸钾作氧化剂,不仅可将水样中的氨氮和亚硝酸盐氮氧化为硝酸盐,同时将水样中大部分有机氮化合物氧化为硝酸盐。而后,用紫外分光光度法分别于波长 220 nm 与 275 nm 处测定其吸光度,按 $A = A_{220} - 2A_{275}$ 计算硝酸盐氮的吸光度值,从而计算总氮的含量。硝酸盐氮的摩尔吸光系数为 1.47×10^3 L/(mol·cm)。

二、干扰及消除

(1)水样中含有六价铬离子及三价铁离子时,可加入 5% 盐酸羟胺溶液 1 ~ 2 mL,以消除其对测定的影响。

(2)碘离子及溴离子对测定有干扰。测定 20 μg 硝酸盐氮时,碘离子含量相对于总氮含量的 0.2 倍时无干扰;溴离子含量相对于总氮含量的 3.4 倍时无干扰。

(3)碳酸盐及碳酸氢盐对测定的影响,在加入一定量的盐酸后可消除。

(4)硫酸盐及氯化物对测定无影响。

三、方法的适用范围

该法主要适用于湖泊、水库、江河水中总氮的测定。方法检测下限为 0.05 mg/L,检测上限为 4 mg/L。

四、仪器

(1)紫外分光光度计。

(2)压力蒸汽消毒器或民用压力锅,压力为 1.1 ~ 1.3 kg/cm²,相应温度为 120 ~ 124 ℃,25 mL 具塞玻璃磨口比色管。

五、试剂

(1)无氨水:每升水中加入 0.1 mL 浓硫酸,蒸馏。收集馏出液于玻璃容器中或用新制备的去离子水。

(2)20% 氢氧化钠溶液:称取 20 g 氢氧化钠,溶于无氨水中,稀释至 100 mL。

(3)碱性过硫酸钾溶液:称取 40 g 过硫酸钾,15 g 氢氧化钠,溶于无氨水中,稀释至

1 000 mL。溶液放在聚乙烯瓶内,可贮存一周。

(4)(1+9)盐酸。

(5)硝酸钾标准溶液。

①硝酸钾标准贮备液:称取 0.721 8 g 经 105～110 ℃烘干 4 h 的优级纯硝酸钾(KNO₃)溶于无氨水中,移至 1 000 mL 容量瓶中,定容。此溶液每毫升含 100 μg 硝酸盐氮。加入 2 mL 三氯甲烷作为保护剂,至少可稳定 6 个月。

②硝酸钾标准使用液:将贮备液用无氨水稀释 10 倍而得。此溶液每毫升含 10 μg 硝酸氮盐。

六、步骤

(1)标准曲线的绘制。

①分别吸取 0,0.50,1.00,2.00,3.00,4.00,5.00,7.00,8.00 mL 硝酸钾标准溶液于 25 mL 比色管中,用无氨水稀释至 10 mL 标线处。

②加入 5 mL 碱性过硫酸钾溶液,塞紧磨口塞,用纱布及纱绳裹紧管塞,以防进溅出。

③将比色管置于压力蒸汽消毒器中,加热 0.5 h,放气使压力指针回零,然后升温至 120～124 ℃开始计时(或将比色管置于民用压力锅中,加热至顶压阀吹气开始计时),使比色管在过热水蒸气中加热 0.5 h。

④自然冷却,开阀放气,移去外盖,取出比色管并冷却至室温。

⑤加入(1+9)盐酸 1 mL,用无氨水稀释至 25 mL 标线处。

⑥在紫外分光光度计上,以无氨水作参比,用 10 mm 石英比色皿分别在 220 mm 及 275 mm 波长处测定吸光度。用校正的吸光度绘制标准曲线。

(2)样品测定步骤。

取 10 mL 水样,或取适量水样(使含氮量为 20～80 μg)。按标准曲线的绘制②～⑥步骤进行操作,然后按校正吸光度,在校准曲线上查出相应的含氮量,再用下列公式计算总氮含量。

$$总氮(mg/L) = \frac{m}{V}$$

式中　m——从校准曲线上查得的含氮量,μg;

　　　V——所取水样体积,mL。

七、注意事项

(1)参考吸光度比值 A275/A220×100% 大于 20% 时,应予鉴别(参见硝酸盐氮测定中的紫外分光光度法)。

(2)玻璃具塞比色管的密合性应好。使用压力蒸汽消毒器时,冷却后放气要缓慢;使用民用压力锅时,要充分冷却方可揭开锅盖,以免比色管塞蹿出。

(3)玻璃器皿可用 10% 盐酸浸洗,用蒸馏水冲洗后再用无氨水冲洗。

(4)使用蒸汽消毒器时,应定期校核压力表;使用民用压力锅时,应检查橡胶密封圈,使压力锅不致漏气而减压。

(5)测定悬浮物较多的水样时,过硫酸钾氧化后可能出现沉淀。遇此情况,可吸收氧化后的上清液进行紫外分光光度法测定。

实验六 氨氮的测定

氨氮(NH_3-N)以游离氨(NH_3)或铵盐(NH_4^+)形式存在于水中,两者的组成比取决于水的 pH 和水温。当 pH 偏高时,游离氨的比例较高;反之,则铵盐的比例高,水温则相反。

水中氨氮的来源主要为生活污水中含氮有机物受微生物作用的分解产物,某些工业废水,如焦化废水和合成氨化肥厂废水等,以及农田排水。此外,在无氧环境中,水中存在的亚硝酸盐亦可受微生物作用,还原为氨。在有氧环境中,水中氨亦可转变为亚硝酸盐,甚至继续转变为硝酸盐。

测定水中各种形态的氮化合物,有助于评价水体被污染和"自净"的状况。

鱼类对水中氨氮比较敏感,当氨氮含量过高时会导致鱼类死亡。

(1)方法选择。

氨氮的测定方法,通常有纳氏试剂比色法、苯酚-次氯酸盐(或水杨酸-次氯酸盐)比色法、电极法和气相分子吸收法等。纳氏试剂比色法具有操作简便、灵敏等特点,水中钙、镁和铁等金属离子、硫化物、醛和酮类、颜色,以及混浊等均干扰测定,需作相应的预处理。苯酚-次氯酸盐比色法具有灵敏、稳定等优点,干扰情况和消除方法同纳氏试剂比色法。电极法具有通常不需要对水样进行预处理和测量范围宽等优点,但电极的寿命和重现性尚存在一些问题。气相分子吸收法比较简单,使用专用仪器或原子吸收仪都可达到良好的效果。氨氮含量较高时,可采用蒸馏-酸滴定法。

(2)水样保存。

水样采集在聚乙烯瓶或玻璃瓶内,并应尽快分析,必要时可加硫酸将水样酸化至 pH < 2,于 2~5 ℃下存放。酸化样品应注意防止吸收空气中的氨而沾污。

一、水样的预处理

水样带色或混浊以及含其他一些干扰物质,影响氨氮的测定。为此,在分析时需作适当的预处理。对较清洁的水,可采用絮凝沉淀法;对污染严重的水或工业废水,则用蒸馏法消除干扰。

(一)絮凝沉淀法

加适量的硫酸锌于水样中,并加氢氧化钠使溶液呈碱性,生成氢氧化锌沉淀,再经过滤除去颜色和混浊等。

1. 仪器

100 mL 具塞量筒或闭塞管。

2. 试剂

(1)10% 硫酸锌溶液:称取 10 g 硫酸锌溶于水,稀释到 100 mL。

(2)25% 氢氧化钠溶液:称取 25 g 氢氧化钠溶于水,稀释至 100 mL,存于聚乙烯瓶中。

（3）硫酸：密度为 1.84 g/mL。

3. 步骤

取 100 mL 水样于具塞量筒或闭塞管中，加入 1 mL 10% 硫酸锌溶液和 0.1~0.2 mL 25% 氢氧化钠溶液，调节 pH 至 10.5 左右，混匀。放置使沉淀完全，用经无氨水充分洗涤过的中速滤纸过滤，弃去初滤液 20 mL。

（二）蒸馏法

调节水样的 pH 至 6.0~7.4，加入适量的氧化镁使溶液呈微碱性（也可加入 pH 9.5 的 $Na_2B_4O_7$ – NaOH 缓冲溶液使溶液呈弱碱性）进行蒸馏，蒸馏释放出的氨被吸收于硫酸或硼酸溶液中。pH 过高能保进有机氮的水解，导致结果偏高。采用纳氏试剂比色法或酸滴定法时，以硼酸溶液为吸收液；采用水杨酸 – 次氯酸盐比色法时，则以硫酸溶液作吸收液。

1. 仪器

带氮球的定氮蒸馏装置：500 mL 凯氏烧瓶、氮球、直型冷凝管和导管。

2. 试剂

水样稀释及试剂配制均用无氨水。

（1）无氨水的制备。

①蒸馏法：每升蒸馏水中加 0.1 mL 硫酸，在全玻璃蒸馏器中重蒸馏，弃去 50 mL 初馏液，接取其余馏出液于具塞磨口的玻璃瓶中密塞保存。

②离子交换法：使蒸馏水通过强酸性阳离子交换树脂柱。

（2）1 mol/L 盐酸溶液。

（3）1 mol/L 氢氧化钠溶液。

（4）轻质氧化镁（MgO）：将氧化镁在 500 ℃ 下加热，以除去碳酸盐。

（5）0.05% 溴百里酚蓝指示液（pH 0.6~7.6）。

（6）防沫剂，如石蜡碎片。

（7）吸收液。

①硼酸溶液：称取 20 g 硼酸溶于水，稀释至 1 L。

②硫酸溶液：0.01 mol/L。

3. 步骤

（1）蒸馏装置的预处理：加 250 mL 水样于凯氏烧瓶中，加 0.25 g 轻质氧化镁和数粒玻璃珠，加热蒸馏至馏出液不含氮为止，弃去瓶中残液。

（2）分取 250 mL 水样（如氨氮含量较高，可分取适量并加水至 250 mL，使氨氮含量不超过 2.5 mg），移入凯氏烧瓶中，加数滴溴百里酚蓝指示液，用氢氧化钠溶液或盐酸溶液调节至 pH = 7 左右。加 0.25 g 轻质氧化镁和数粒玻璃珠，立即连接氮球和冷凝管，导管下端插入吸收液液面下。加热蒸馏，至馏出液达 200 mL 时，停止蒸馏，定容 250 mL。

（3）采用酸滴定法或纳氏试剂比色法时，以 50 mL 硼酸溶液为吸收液；采用水杨酸 – 次氯酸盐比色法时，改用 50 mL 0.01 mol/L 硫酸溶液为吸收液。

4.注意事项

(1)蒸馏时应避免发生暴沸,否则可造成馏出液温度升高,氨吸收不完全。

(2)防止在蒸馏时产生泡沫,必要时可加少许石蜡碎片于凯氏烧瓶中。

(3)水样如含余氯,则应加入适量0.35%硫代硫酸钠溶液,每0.5 mL可除去0.25 mg余氯。

二、纳氏试剂比色法

(一)方法原理

碘化汞和碘化钾的碱性溶液与氨反应生成淡红棕色胶态化合物,此颜色在较宽的波长内具强烈吸收。通常测量波长在410~425 nm。

(二)干扰及消除

脂肪胺、芳香胺、醛类、丙酮、醇类和有机氯胺类等有机化合物,以及铁、锰、镁和硫等无机离子,因产生异色或混浊而引起干扰,水中颜色和混浊亦影响比色。为此,须经絮凝沉淀过滤或蒸馏预处理,易挥发的还原性干扰物质,还可在酸性条件下加热除去。金属离子的干扰,可加入适量的掩蔽剂加以消除。

(三)方法的适用范围

本法适用于地表水、地下水、工业废水和生活污水中氨氮的测定。本法最低检出浓度为0.025 mg/L(光度法),检测上限为2 mg/L。采用目视比色法,最低检出浓度为0.02 mg/L。

(四)仪器

分光光度计、pH计。

(五)试剂

配制试剂用水均应为无氨水。

(1)纳氏试剂:可选择下列任意一种方法制备。

①称取20 g碘化钾溶于约100 mL水中,边搅拌边分次少量加入二氯化汞($HgCl_2$)结晶粉末(约10 g),至出现朱红色沉淀不易溶解时,改为滴加饱和二氯化汞溶液,并充分搅拌,当出现微量朱红色沉淀不易溶解时,停止滴加氯化汞溶液。

另称取60 g氢氧化钾溶于水,并稀释至250 mL,充分冷却至室温后,将上述溶液在搅拌下徐徐注入氢氧化钾溶液中,用水稀释至400 mL,混匀。静置过夜。将上清液移入聚乙烯瓶中,密塞保存。

②称取16 g氢氧化钠,溶于50 mL水中,充分冷却至室温。另称取7 g碘化钾和10 g碘化汞(HgI_2)溶于水,然后将此溶液在搅拌下徐徐注入氢氧化钠溶液中,用水稀释至100 mL,贮于聚乙烯瓶中,密塞保存。

(2)酒石酸钾钠溶液:称取50 g酒石酸钾钠($KNaC_4H_4O_6 \cdot 4H_2O$)溶于100 mL水中,加热煮沸以除去氨,放冷,定容至100 mL。

(3)铵标准贮备液:称取3.819 g经100 ℃干燥过的优级纯氯化铵(NH_4Cl)溶于水中,移入1 000 mL容量瓶中,稀释至标线。此溶液每毫升含1.00 mg氨氮。

(4)铵标准使用液:移取5.00 mL铵标准贮备液于500 mL容量瓶中,用水稀释至标线。此溶液每毫升含 0.010 mg 氨氮。

(六)步骤

(1)标准曲线的绘制。

①吸取 0,0.50,1.00,3.00,5.00,7.00,10.0 mL 铵标准使用液于 50 mL 比色管中,加水至标线,加 1.0 mL 酒石酸钾钠溶液,混匀。加 1.5 mL 纳氏试剂,混匀。放置 10 min 后,在波长 420 nm 处,用光程 20 nm 比色皿,以水为参比,测量吸光度。

②由测得的吸光度,减去零浓度空白的吸光度后,得到校正吸光度,绘制以氨氮含量(mg)对校正吸光度的校准曲线。

(2)水样的测定。

①分取适量经絮凝沉淀预处理后的水样(使氨氮含量不超过 0.1 mg),加入 50 mL 比色管中,稀释至标线,加 1.0 mL 酒石酸钾钠溶液。以下同校准曲线的绘制。

②分取适量经蒸馏预处理后的馏出液,加入 50 mL 比色管中,加一定量 1 mol/L 氢氧化钠溶液以中和硼酸,稀释至标线。加 1.5 mL 纳氏试剂,混匀。放置 10 min 后,同校准曲线步骤测量吸光度。

(3)空白试验。

以无氨水代替水样,做全程空白测定。

(七)计算

由水样测得的吸光度减去空白试验的吸光度后,从校准曲线上查得氨氮含量(mg)。

$$氨氮(N,mg/L) = \frac{m}{V} \times 1\ 000$$

式中　　m——由校准曲线查得的氨氮量,mg;

　　　　V——水样体积,mL。

(八)注意事项

(1)纳氏试剂中碘化汞与碘化钾的比例,对显色反应的灵敏度有较大影响。静置后生成的沉淀应除去。

(2)滤纸中常含痕量铵盐,使用时注意用无氨水洗涤。所用玻璃器皿应避免实验室空气中氨的玷污。

实验室事故的处理

实验室应配备医药箱,以便发生意外事故时临时处置之用。医药箱应配备如下药品和工具:

(1)药品:碘酒、红药水、紫药水、创可贴、止血粉、烫伤油膏、鱼肝油、甘油、无水乙醇、硼酸溶液(1%~3%,饱和)、2%醋酸溶液、1%~5%碳酸氢钠溶液、20%硫代硫酸钠溶液、10%高锰酸钾溶液、20%硫酸镁溶液、1%柠檬酸溶液、5%硫酸铜溶液、1%硝酸银溶液、由20%硫酸镁-18%甘油-水-1.2%盐酸普鲁卡因配成的药膏、可的松软膏、紫草油软膏及硫酸镁糊剂、蓖麻油等。

(2)工具:医用镊子、剪刀、纱布、药棉、棉签、绷带、医用胶布、担架等。

医用药箱供实验室急救用,不允许随便挪动或借用。

一、中毒急救

在实验过程中,若感到咽喉灼痛,嘴唇脱色或发绀,胃部痉挛,或有恶心呕吐、心悸、头晕等症状时,则可能是中毒所致,经以下急救后,立即送医院抢救。

(1)固体或液体毒物中毒,嘴里若还有有毒物质,应立即吐掉,并用大量水漱口。

碱中毒:先饮大量水,再喝牛奶。

误饮酸者,先喝水,再服氢氧化镁乳剂,最后饮些牛奶。

重金属中毒:喝一杯含几克硫酸镁的溶液,立即就医。

汞及汞化合物中毒:立即就医。

用做金属解毒剂的药物如表1所示。

表1

有害金属元素	解毒剂
铅、铀、钴、锌等	乙二胺四乙酸合钙酸钠
汞、镉、砷等	2,3-二巯基丙醇
铜	R-青霉胺
铊、锌	二苯硫腙
镍	二乙氨基二硫代甲酸钠
铍	金黄素三羧酸

(2)气体或蒸气中毒。若不慎吸入煤气、溴蒸气、氯气、氯化氢气体、硫化氢等气体,应立即到室外呼吸新鲜空气,必要时作人工呼吸(但不要口对口)或送医院治疗。

二、酸、碱或溴灼伤

(一)酸灼伤

先用大量水冲洗,再用饱和碳酸氢钠溶液或稀氨水冲洗,然后浸泡在冰冷的饱和硫酸镁溶液中 0.5 h,最后敷以 20% 硫酸镁 – 18% 甘油 – 水 – 1.2% 盐酸普鲁卡因配成的药膏。伤势严重者,应立即送医院急救。

酸溅入眼睛时,先用大量水冲洗,再用 1% 的碳酸氢钠溶液洗,然后用蒸馏水或去离子水洗。

氢氟酸能腐烂指甲、骨头,溅在皮肤上会造成痛苦的难以治愈的烧伤。皮肤若被烧伤,应用大量水冲洗 20 min 以上,再用冰冷的饱和硫酸镁溶液或 70% 酒精冲洗半小时以上。或用大量水冲洗后,再用肥皂水或 2% ~ 5% 碳酸氢钠溶液冲洗。最后用 5% 碳酸氢钠溶液湿敷局部,再用可的松软膏或紫草油软膏及硫酸镁糊剂。

(二)碱灼伤

先用大量水冲洗,再用 1% 柠檬酸或 1% 硼酸,或 2% 醋酸溶液浸洗,然后用水洗,再用饱和硼酸溶液洗,最后滴入蓖麻油。

(三)溴灼伤

溴灼伤一般不易愈合,必须严加防范。凡用溴时应预先配制好适量的硫代硫酸钠溶液备用。一旦被溴灼伤,应立即用乙醇或硫代硫酸钠溶液冲洗伤口,再用水冲洗干净,并敷以甘油。若起泡,则不宜把水泡挑破。

三、磷烧伤

用 5% 硫酸铜溶液、1% 硝酸银溶液或 10% 高锰酸钾溶液冲洗伤口,并用浸过硫酸铜溶液的绷带包扎,或送医院治疗。

四、其他意外事故处理

(一)割(划)伤

化学实验中要用到各种玻璃仪器,不小心容易被碎玻璃划伤或刺伤。若伤口内有碎玻璃渣或其他异物,应先取出。轻伤可用生理盐水或硼酸溶液擦洗伤处,并用 3% 的 H_2O_2 溶液消毒,然后涂上红药水,撒上些消炎粉,并用纱布包扎。伤口较深,出血过多时,可用云南白药或扎止血带,并立即送医院救治。玻璃溅进眼里,千万不要揉擦,不转眼球,任其流泪,速送医院处理。

(二)烫伤

一旦被火焰、蒸气、红热玻璃、陶器、铁器等烫伤,轻者可用 10% 高锰酸钾溶液擦洗伤处,撒上消炎粉,或在伤处涂烫伤药膏(如氧化锌药膏、獾油或鱼肝油药膏等),重者需送医院救治。

(三)触电

人体通以 50 Hz 25 mA 交流电时,会感到呼吸困难,100 mA 以上则会致死。因此,使用电器必须制定严格的操作规程,以防触电。应注意以下事项:

（1）已损坏的接头、插座、插头，或绝缘不良的电线，必须更换。

（2）电线有裸露的部分，必须绝缘。

（3）不要用湿手接触或操作电器。

（4）接好线路后再通电，用后先切断电源再拆线路。

（5）一旦遇到有人触电，应立即切断电源，尽快用绝缘物（如竹竿、干木棒、绝缘塑料管棒等）将触电者与电源隔开，切不可用手去拉触电者。

实践教学内容

以"武汉市××湖泊水环境现状调查"为题目分别对水果湖、庙湖、沙湖和月湖等湖泊进行现场查勘、调研、走访,通过资料查询和实验方法的设计,利用实验分别对湖泊水质以第一手资料对水环境现状(以 COD 为指标)进行分析与评价,并撰写调查报告。

一、报告主要内容

(1)区域概述(湖泊的地理位置、气候特征、区域经济发展状况等)(15 分)。

(2)湖泊水质现状(周边排污情况,污染源性质及排放方式,治理措施及效果)(20分)。

(3)实验方案的确定,采样点确定,监测方案制订(20 分)。

(4)实验室样品的结果分析,评价的方法确定,评价结果的分析(25 分)。

(5)误差的分析,结果的讨论(10 分)。

(6)图、表清晰准确(5 分)。

(7)同学的态度和个人的认识心得及建议(5 分)。

二、调查方式

现场走访、网上资料收集、相关资料收集和现场水质监测。

三、部分湖泊的采样点分布

庙湖采样点分布图如图 1 所示。

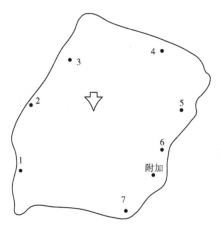

图中各点均为采样点

图1　庙湖采样点分布图

官桥湖采样点分布图如图2所示。

图中各点均为采样点

图2 官桥湖采样点分布图

沙湖采样点分布图如图3所示。

图3 沙湖采样点分布图

水果湖采样点分布图如图4所示。

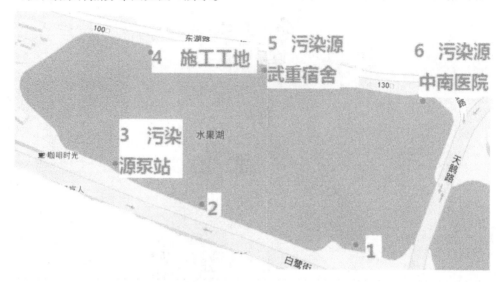

图中各点均为采样点

图4　水果湖采样点分布图

月湖采样点分布图如图5所示。

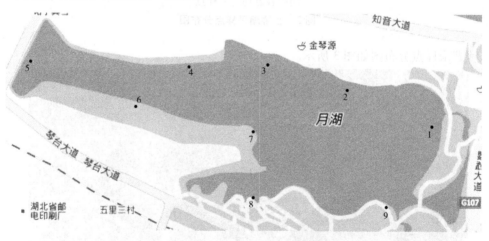

图中各点均为采样点

图5　月湖采样点分布图

附录 中华人民共和国地表水环境质量标准

前 言

为贯彻《中华人民共和国环境保护法》和《中华人民共和国水污染防治法》,防治水污染,保护地表水水质,保障人体健康,维护良好的生态系统,制定本标准。

本标准将标准项目分为:地表水环境质量标准基本项目、集中式生活饮用水地表水源地补充项目和集中式生活饮用水地表水源地特定项目。地表水环境质量标准基本项目适用于全国江河、湖泊、运河、渠道、水库等具有使用功能的地表水水域;集中式生活饮用水地表水源地补充项目和特定项目适用于集中式生活饮用水地表水源地一级保护区和二级保护区。集中式生活饮用水地表水源地特定项目由县级以上人民政府环境保护行政主管部门根据本地区地表水水质特点和环境管理的需要进行选择,集中式生活饮用水地表水源地补充项目和选择确定的特定项目作为基本项目的补充指标。

本标准项目共计109项,其中地表水环境质量标准基本项目24项,集中式生活饮用水地表水源地补充项目5项,集中式生活饮用水地表水源地特定项目80项。

与GBZB 1—1999相比,本标准在地表水环境质量标准基本项目中增加了总氮一项指标,删除了基本要求和亚硝酸盐、非离子氮及凯式氮三项指标,将硫酸盐、氯化物、硝酸盐、铁、锰调整为集中式生活引用水地表水源地补充项目,修订了pH、溶解氧、氨氮、总磷、高锰酸盐指数、铅、粪大肠菌群7个项目的标准值,增加了集中式生活引用水地表水源地特定项目40项。本标准删除了湖泊水库特定项目标准值。

县级以上人民政府环境保护行政主管部门及相关部门根据职责分工,按本标准对地表水各类水域进行监督管理。

与近海水域相连的地表水河口水域根据水环境功能按本标准相应类别标准值进行管理,近海水功能区水域根据使用功能按《海水水质标准》相应类别标准值进行管理。批准划定的单一渔业水域按《渔业水质标准》进行管理;处理后的城市污水及与城市污水水质相近的工业废水用于农田灌溉用水的水质按《农田灌溉水质标准》进行管理。

《地面水环境质量标准》(GB 3838—83)为首次发布,1988年为第一次修订,1999年为第二次修订,本次为第三次修订。本标准自2002年6月1日起实施,《地面水环境质量标准》(GB 3838—88)和《地面水环境质量标准》(GHZB 1—1999)同时废止。

本标准由国家环境保护总局科技标准司提出并归口。

本标准由中国环境科学研究院负责修订。

本标准由国家环境保护总局2002年4月26日批准。

本标准由国家环境保护总局负责解释。

地表水环境质量标准

1　范围

1.1　本标准按照地表水环境功能分类和保护目标,规定了水环境质量应控制的项目及限值,以及水质评价、水质项目的分析方法和标准的实施与监督。

1.2　本标准适用于中华人民共和国领域内江河、湖泊、运河、渠道、水库等具有使用功能的地表水水域。具有特定功能的水域,执行相应的专业用水水质标准。

2　引用标准

《生活饮用水卫生规范》(卫生部,2001年)和本标准表4～表6所列分析方法标准及规范中所含条文在本标准中被引用即构成为本标准条文,与本标准同效。当上述标准和规范被修订时,应使用其最新版本。

3　水域功能和标准分类

依据地表水水域环境功能和保护目标,按功能高低依次划分为五类:

Ⅰ类　主要适用于源头水、国家自然保护区;

Ⅱ类　主要适用于集中式生活饮用水地表水源地一级保护区、珍稀水生生物栖息地、鱼虾类产卵场、仔稚幼鱼的索饵场等;

Ⅲ类　主要适用于集中式生活饮用水地表水源地二级保护区、鱼虾类越冬场、洄游通道、水产养殖区等渔业水域及游泳区;

Ⅳ类　主要适用于一般工业用水区及人体非直接接触的娱乐用水区;

Ⅴ类　主要适用于农业用水区及一般景观要求水域。

对应地表水上述五类水域功能,将地表水环境质量标准基本项目标准值分为五类,不同功能类别分别执行相应类别的标准值。水域功能类别高的标准值严于水域功能类别低的标准值。同一水域兼有多类使用功能的,执行最高功能类别对应的标准值。实现水域功能与达功能类别标准为同一含义。

4　标准值

4.1　地表水环境质量标准基本项目标准限值见表1。

4.2　集中式生活饮用水地表水源地补充项目标准限值见表2。

4.3　集中式生活饮用水地表水源地特定项目标准限值见表3。

5　水质评价

5.1　地表水环境质量评价应根据应实现的水域功能类别,选取相应类别标准,进行单因子评价,评价结果应说明水质达标情况,超标的应说明超标项目和超标倍数。

5.2　丰、平、枯水期特征明显的水域,应分水期进行水质评价。

5.3　集中式生活饮用水地表水源地水质评价的项目应包括表1中的基本项目、表2中的补充项目以及由县级以上人民政府环境保护行政主管部门从表3中选择确定的特定项目。

6　水质监测

6.1　本标准规定的项目标准值,要求水样采集后自然沉降30分钟,取上层非沉降部分按规定方法进行分析。

6.2　地表水水质监测的采样布点、监测频率应符合国家地表水环境监测技术规范的要求。

6.3　本标准水质项目的分析方法应优先选用表4～表6规定的方法,也可采用ISO方法体系等其他等效分析方法,但须进行适用性检验。

7　标准的实施与监督

7.1　本标准由县级以上人民政府环境保护行政主管部门及相关部门按职责分工监督实施。

7.2　集中式生活饮用水地表水源地水质超标项目经自来水厂净化处理后,必须达到《生活饮用水卫生规范》的要求。

7.3　省、自治区、直辖市人民政府可以对本标准中未作规定的项目,制定地方补充标准,并报国务院环境保护行政主管部门备案。

表1　地表水环境质量标准基本项目标准限值　　　　　　　（单位:mg/L）

序号	分类 标准值 项目	I 类	II 类	III 类	IV 类	V 类
1	水温(℃)	人为造成的环境水温变化应限制在: 周平均最大温升≤1 周平均最大温降≤2				
2	pH(无量纲)	6～9				
3	溶解氧≥	饱和率90%（或7.5）	6	5	3	2
4	高锰酸盐指数≤	2	4	6	10	15
5	化学需氧量（COD）≤	15	15	20	30	40
6	五日生化需氧量（BOD$_5$）≤	3	3	4	6	10
7	氨氮(NH$_3$-N)≤	0.15	0.5	1.0	1.5	2.0
8	总磷(以P计)≤	0.02（湖、库0.01）	0.1（湖、库0.025）	0.2（湖、库0.05）	0.3（湖、库0.1）	0.4（湖、库0.2）

续表1

序号	项目 标准值 分类	I 类	II 类	III 类	IV 类	V 类
9	总氮(湖、库, 以 N 计)≤	0.2	0.5	1.0	1.5	2.0
10	铜≤	0.01	1.0	1.0	1.0	1.0
11	锌≤	0.05	1.0	1.0	2.0	2.0
12	氟化物 (以 F$^-$ 计)≤	1.0	1.0	1.0	1.5	1.5
13	硒≤	0.01	0.01	0.01	0.02	0.02
14	砷≤	0.05	0.05	0.05	0.1	0.1
15	汞≤	0.000 05	0.000 05	0.000 1	0.001	0.001
16	镉≤	0.001	0.005	0.005	0.005	0.01
17	铬(六价)≤	0.01	0.05	0.05	0.05	0.1
18	铅≤	0.01	0.01	0.05	0.05	0.1
19	氰化物≤	0.005	0.05	0.2	0.2	0.2
20	挥发酚≤	0.002	0.002	0.005	0.01	0.1
21	石油类≤	0.05	0.05	0.05	0.5	1.0
22	阴离子表面 活性剂≤	0.2	0.2	0.2	0.3	0.3
23	硫化物≤	0.05	0.1	0.2	0.5	1.0
24	粪大肠菌群 (个/L)≤	200	2 000	10 000	20 000	40 000

表2　集中式生活饮用水地表水源地补充项目标准限值　　　　（单位:mg/L）

序号	项目	标准值
1	硫酸盐(以 SO$_4^{2-}$ 计)	250
2	氯化物(以 Cl$^-$ 计)	250
3	硝酸盐(以 N 计)	10
4	铁	0.3
5	锰	0.1

表3 集中式生活饮用水地表水源地特定项目标准限值 （单位：mg/L）

序号	项目	标准值	序号	项目	标准值
1	三氯甲烷	0.06	31	二硝基苯④	0.5
2	四氯化碳	0.002	32	2,4-二硝基甲苯	0.000 3
3	三溴甲烷	0.1	33	2,4,6-三硝基甲苯	0.5
4	二氯甲烷	0.02	34	硝基氯苯⑤	0.05
5	1,2-二氯乙烷	0.03	35	2,4-二硝基氯苯	0.5
6	环氧氯丙烷	0.02	36	2,4-二氯苯酚	0.093
7	氯乙烯	0.005	37	2,4,6-三氯苯酚	0.2
8	1,1-二氯乙烯	0.03	38	五氯酚	0.009
9	1,2-二氯乙烯	0.05	39	苯胺	0.1
10	三氯乙烯	0.07	40	联苯胺	0.000 2
11	四氯乙烯	0.04	41	丙烯酰胺	0.000 5
12	氯丁二烯	0.002	42	丙烯腈	0.1
13	六氯丁二烯	0.000 6	43	邻苯二甲酸二丁酯	0.003
14	苯乙烯	0.02	44	邻苯二甲酸二(2-乙基己基)酯	0.008
15	甲醛	0.9	45	水合肼	0.01
16	乙醛	0.05	46	四乙基铅	0.000 1
17	丙烯醛	0.1	47	吡啶	0.2
18	三氯乙醛	0.01	48	松节油	0.2
19	苯	0.01	49	苦味酸	0.5
20	甲苯	0.7	50	丁基黄原酸	0.005
21	乙苯	0.3	51	活性氯	0.01
22	二甲苯①	0.5	52	滴滴涕	0.001
23	异丙苯	0.25	53	林丹	0.002
24	氯苯	0.3	54	环氧七氯	0.000 2
25	1,2-二氯苯	1.0	55	对硫磷	0.003
26	1,4-二氯苯	0.3	56	甲基对硫磷	0.002
27	三氯苯②	0.02	57	马拉硫磷	0.05
28	四氯苯③	0.02	58	乐果	0.08
29	六氯苯	0.05	59	敌敌畏	0.05
30	硝基苯	0.017	60	敌百虫	0.05

续表3

序号	项目	标准值	序号	项目	标准值
61	内吸磷	0.03	71	钼	0.07
62	百菌清	0.01	72	钴	1.0
63	甲萘威	0.05	73	铍	0.002
64	溴氰菊酯	0.02	74	硼	0.5
65	阿特拉津	0.003	75	锑	0.005
66	苯并(a)芘	2.8×10^{-6}	76	镍	0.02
67	甲基汞	1.0×10^{-6}	77	钡	0.7
68	多氯联苯⑥	2.0×10^{-5}	78	钒	0.05
69	微囊藻毒素 – LR	0.001	79	钛	0.1
70	黄磷	0.003	80	铊	0.000 1

注:①二甲苯:指对二甲苯、间二甲苯、邻二甲苯。

②三氯苯:指1,2,3 – 三氯苯、1,2,4 – 三氯苯、1,3,5 – 三氯苯。

③四氯苯:指1,2,3,4 – 四氯苯、1,2,3,5 – 四氯苯、1,2,4,5 – 四氯苯。

④二硝基苯:指对二硝基苯、间二硝基苯、邻二硝基苯。

⑤硝基氯苯:指对硝基氯苯、间硝基氯苯、邻硝基氯苯。

⑥多氯联苯:指 PCB – 1016、PCB – 1221、PCB – 1232、PCB – 1242、PCB – 1248、PCB – 1254、PCB – 1260。

表4　地表水环境质量标准基本项目分析方法

序号	项目	分析方法	最低检出限（mg/L）	方法来源
1	水温	温度计法		GB 13195—91
2	pH	玻璃电极法		GB 6920—86
3	溶解氧	碘量法	0.2	GB 7489—87
		电化学探头法		GB 11913—89
4	高锰酸盐指数		0.5	GB 11892—89
5	化学需氧量	重铬酸盐法	10	GB 11914—89
6	五日生化需氧量	稀释与接种法	2	GB 7488—87
7	氨氮	纳氏试剂比色法	0.05	GB 7479—87
		水杨酸分光光度法	0.01	GB 7481—87
8	总磷	钼酸铵分光光度法	0.01	GB 11893—89
9	总氮	碱性过硫酸钾消解紫外分光光度法	0.05	GB 11894—89

续表 4

序号	项目	分析方法	最低检出限（mg/L）	方法来源
10	铜	2,9 - 二甲基 - 1,10 - 菲啰啉分光光度法	0.06	GB 7473—87
		二乙基二硫代氨基甲酸钠分光光度法	0.010	GB 7474—87
		原子吸收分光光度法（螯合萃取法）	0.001	GB 7475—87
11	锌	原子吸收分光光度法	0.05	GB 7475—87
12	氟化物	氟试剂分光光度法	0.05	GB 7483—87
		离子选择电极法	0.05	GB 7484—87
		离子色谱法	0.02	HJ/T 84—2001
13	硒	2,3 - 二氨基萘荧光法	0.000 25	GB 11902—89
		石墨炉原子吸收分光光度法	0.003	GB/T 15505—1995
14	砷	二乙基二硫代氨基甲酸银分光光度法	0.007	GB 7485—87
		冷原子荧光法	0.000 06	1)
15	汞	冷原子吸收分光光度法	0.000 05	GB 7468—87
		冷原子荧光法	0.000 05	1)
16	镉	原子吸收分光光度法（螯合萃取法）	0.001	GB 7475—87
17	铬（六价）	二苯碳酰二肼分光光度法	0.004	GB 7467—87
18	铅	原子吸收分光光度法（螯合萃取法）	0.01	GB 7475—87
19	氰化物	异烟酸 - 吡唑啉酮比色法	0.004	GB 7487—87
		吡啶 - 巴比妥酸比色法	0.002	
20	挥发酚	蒸馏后 4 - 氨基安替比林分光光度法	0.002	GB 7490—87
21	石油类	红外分光光度法	0.01	GB/T 16488—1996
22	阴离子表面活性剂	亚甲基蓝分光光度法	0.05	GB 7494—87
23	硫化物	亚甲基蓝分光光度法	0.005	GB/T 16489—1996
		直接显色分光光度法	0.004	GB/T 17133—1997
24	粪大肠菌群	多管发酵法、滤膜法		1)

注:暂采用下列分析方法,待国家方法标准发布后,执行国家标准。

1)《水和废水监测分析方法(第 3 版)》,中国环境科学出版社,1989 年。

表5　集中式生活饮用水地表水源地补充项目分析方法

序号	项目	分析方法	最低检出限（mg/L）	方法来源
1	硫酸盐	重量法	10	GB 11899—89
		火焰原子吸收分光光度法	0.4	GB 13196—91
		铬酸钡光度法	8	1)
		离子色谱法	0.09	HJ/T 84—2001
2	氯化物	硝酸银滴定法	10	GB 11896—89
		硝酸汞滴定法	2.5	1)
		离子色谱法	0.02	HJ/T 84—2001
3	硝酸盐	酚二磺酸分光光度法	0.02	GB 7480—87
		紫外分光光度法	0.08	1)
		离子色谱法	0.08	HJ/T 84—2001
4	铁	火焰原子吸收分光光度法	0.03	GB 11911—89
		邻菲啰啉分光光度法	0.03	1)
5	锰	高碘酸钾分光光度法	0.02	GB 11906—89
		火焰原子吸收分光光度法	0.01	GB 11911—89
		甲醛肟光度法	0.01	1)

注:暂采用下列分析方法,待国家方法标准发布后,执行国家标准。

1)《水和废水监测分析方法(第3版)》,中国环境科学出版社,1989年。

表6　集中式生活饮用水地表水源地特定项目分析方法

序号	项目	分析方法	最低检出限(mg/L)	方法来源
1	三氯甲烷	顶空气相色谱法	0.000 3	GB/T 17130—1997
		气相色谱法	0.000 6	2)
2	四氯化碳	顶空气相色谱法	0.000 05	GB/T 17130—1997
		气相色谱法	0.000 3	2)
3	三溴甲烷	顶空气相色谱法	0.001	GB/T 17130—1997
		气相色谱法	0.006	2)
4	二氯甲烷	顶空气相色谱法	0.008 7	2)
5	1.2－二氯乙烷	顶空气相色谱法	0.012 5	2)
6	环氧氯丙烷	气相色谱法	0.02	2)
7	氯乙烯	气相色谱法	0.001	2)
8	1,1－二氯乙烯	吹出捕集气相色谱法	0.000 018	2)

续表6

序号	项目	分析方法	最低检出限（mg/L）	方法来源
9	1,2 - 二氯乙烯	吹出捕集气相色谱法	0.000 012	2)
10	三氯乙烯	顶空气相色谱法	0.000 5	GB/T 17130—1997
		气相色谱法	0.003	2)
11	四氯乙烯	顶空气相色谱法	0.000 2	GB/T 17130—1997
		气相色谱法	0.001 2	2)
12	氯丁二烯	顶空气相色谱法	0.002	2)
13	六氯丁二烯	气相色谱法	0.000 02	2)
14	苯乙烯	气相色谱法	0.01	2)
15	甲醛	乙酰丙酮分光光度法	0.05	GB 13197—91
		4 - 氨基 - 3 - 联氨 - 5 - 巯基 - 1,2,4 - 三氮杂茂（AHMT）分光光度法	0.05	2)
16	乙醛	气相色谱法	0.24	2)
17	丙烯醛	气相色谱法	0.019	2)
18	三氯乙醛	气相色谱法	0.001	2)
19	苯	液上气相色谱法	0.005	GB 11890—89
		顶空气相色谱法	0.000 42	2)
20	甲苯	液上气相色谱法	0.005	GB 11890—89
		二硫化碳萃取气相色谱法	0.05	
		气相色谱法	0.01	2)
21	乙苯	液上气相色谱法	0.005	GB 11890—89
		二硫化碳萃取气相色谱法	0.05	
		气相色谱法	0.01	2)
22	二甲苯	液上气相色谱法	0.005	GB 11890—89
		二硫化碳萃取气相色谱法	0.05	
		气相色谱法	0.01	
23	异丙苯	顶空气相色谱法	0.003 2	2)
24	氯苯	气相色谱法	0.01	HJ/T 74—2001

续表6

序号	项目	分析方法	最低检出限(mg/L)	方法来源
25	1,2-二氯苯	气相色谱法	0.002	GB/T 17131—1997
26	1,4-二氯苯	气相色谱法	0.005	GB/T 17131—1997
27	三氯苯	气相色谱法	0.000 04	2)
28	四氯苯	气相色谱法	0.000 02	2)
29	六氯苯	气相色谱法	0.000 02	2)
30	硝基苯	气相色谱法	0.000 2	GB 13194—91
31	二硝基苯	气相色谱法	0.2	2)
32	2,4-二硝基甲苯	气相色谱法	0.000 3	GB 13194—91
33	2,4,6-三硝基甲苯	气相色谱法	0.1	2)
34	硝基氯苯	气相色谱法	0.000 2	GB 13194—91
35	2,4-二硝基氯苯	气相色谱法	0.1	2)
36	2,4-二氯苯酚	电子捕获-毛细色谱法	0.000 4	2)
37	2,4,6-三氯苯酚	电子捕获-毛细色谱法	0.000 04	2)
38	五氯酚	气相色谱法	0.000 04	GB 8972—88
		电子捕获-毛细色谱法	0.000 024	2)
39	苯胺	气相色谱法	0.002	2)
40	联苯胺	气相色谱法	0.000 2	3)
41	丙烯酰胺	气相色谱法	0.000 15	2)
42	丙烯腈	气相色谱法	0.10	2)
43	邻苯二甲酸二丁酯	液相色谱法	0.000 1	HJ/T 72—2001
44	邻苯二甲酸二(2-乙基己基)酯	气相色谱法	0.000 4	2)
45	水合肼	对二甲氨基苯甲醛直接分光光度法	0.005	2)
46	四乙基铅	双硫腙比色法	0.000 1	2)
47	吡啶	气相色谱法	0.031	GB/T 14672—93
		巴比士酸分光光度法	0.05	2)
48	松节油	气相色谱法	0.02	2)
49	苦味酸	气相色谱法	0.001	2)

续表6

序号	项目	分析方法	最低检出限（mg/L）	方法来源
50	丁基黄原酸	铜试剂亚铜分光光度法	0.002	2)
51	活性氯	N,N-二乙基对苯二胺（DPD）分光光度法	0.01	2)
		3,3′,5,5′-四甲基联苯胺比色法	0.005	2)
52	滴滴涕	气相色谱法	0.000 2	GB 7492—87
53	林丹	气相色谱法	4×10^{-6}	GB 7492—87
54	环氧七氯	液液萃取气相色谱法	0.000 083	2)
55	对硫磷	气相色谱法	0.000 54	GB 13192—91
56	甲基对硫磷	气相色谱法	0.000 42	GB 13192—91
57	马拉硫磷	气相色谱法	0.000 64	GB 13192—91
58	乐果	气相色谱法	0.000 57	GB 13192—91
59	敌敌畏	气相色谱法	0.000 06	GB 13192—91
60	敌百虫	气相色谱法	0.000 051	GB 13192—91
61	内吸磷	气相色谱法	0.002 5	2)
62	百菌清	气相色谱法	0.000 4	2)
63	甲萘威	高效液相色谱法	0.01	2)
64	溴氰菊酯	气相色谱法	0.000 2	2)
		高效液相色谱法	0.002	2)
65	阿特拉津	气相色谱法		3)
66	苯并(a)芘	乙酰化滤纸层析荧光分光光度法	4×10^{-6}	GB 11895—89
		高效液相色谱法	1×10^{-6}	GB 13198—91
67	甲基汞	气相色谱法	1×10^{-8}	GB/T 17132—1997
68	多氯联苯	气相色谱法		3)
69	微囊藻毒素-LR	高效液相色谱法	0.000 01	2)
70	黄磷	钼-锑-抗分光光度法	0.002 5	2)
71	钼	无火焰原子吸收分光光度法	0.002 31	2)
72	钴	无火焰原子吸收分光光度法	0.001 91	2)

续表 6

序号	项目	分析方法	最低检出限（mg/L）	方法来源
73	铍	铬菁 R 分光光度法	0.000 2	HJ/T 58—2000
		石墨炉原子吸收分光光度法	0.000 02	HJ/T 59—2000
		桑色素荧光分光光度法	0.000 2	2)
74	硼	姜黄素分光光度法	0.02	HJ/T 49—1999
		甲亚胺 – H 分光光度法	0.2	2)
75	锑	氢化原子吸收分光光度法	0.000 25	2)
76	镍	无火焰原子吸收分光光度法	0.002 48	2)
77	钡	无火焰原子吸收分光光度法	0.006 18	2)
78	钒	钽试剂（BPHA）萃取分光光度法	0.018	GB/T 15503—1995
		无火焰原子吸收分光光度法	0.006 98	2)
79	钛	催化示波极谱法	0.000 4	2)
		水杨基荧光酮分光光度法	0.02	2)
80	铊	无火焰原子吸收分光光度法	4×10^{-6}	2)

注：暂采用下列分析方法，待国家方法标准发布后，执行国家标准。

1)《水和废水监测分析方法（第 3 版）》，中国环境科学出版社，1989 年。

2)《生活饮用水卫生规范》，中华人民共和国卫生部，2001 年。

3)《水和废水标准检验法（第 15 版）》，中国建筑工业出版社，1985 年。

参 考 文 献

[1] 潘祖亭,李步海,李春涯. 分析化学[M]. 北京:科学出版社,2010.

[2] 奚立旦,孙裕生,刘秀英. 环境监测[M]. 北京:高等教育出版社,2004.

[3] 国家环境保护总局《水和废水监测分析方法》编委会. 水和废水监测分析方法[M]. 4 版. 北京:中国环境科学出版社,2002.

[4] 武汉大学《无机及分析化学》编写组. 无机及分析化学[M]. 2 版. 武汉:武汉大学出版社,2003.

[5] Harris D C. Quantitative Chemical Analysis[M]. 6th ed. New York:W. H. Freeman and Company,2003.

参考文献

[1] 张晓辉，刘成发，李宁. 分析化学[M]. 北京：高等教育出版社, 2010.
[2] 武汉大学. 分析化学[M]. 北京：高等教育出版社, 2002.
[3] 国家环境保护总局《水和废水监测分析方法》编委会. 水和废水监测分析方法[M]. 4版. 北京：中国环境科学出版社, 2002.
[4] 北京大学化学系分析化学教研组. 基础分析化学实验[M]. 2版. 北京：北京大学出版社, 2003.
[5] Harris D C. Quantitative Chemical Analysis. 7th Ed. New York: W. H. Freeman and Company, 2003.